JN060699

とっておきのイギリスチーズ

CONTENTS

Introduction

イギリスチーズといえば、みなさんは何を思い浮かべますか。やはりチェダーチーズでしょうか？ワイン愛好家やイギリス文化に触れる機会が多い方、あるいは日本でチーズ専門店へ足を運ぶ機会がある方のなかにはブルースティルトンを思い浮かべる方もいるでしょう。

近年、チェダーやブルースティルトン以外にも上質なイギリス産アルチザンチーズが少しずつ日本市場へ向けて輸出されるようになってきました。しかし、フランスやイタリアなど、ヨーロッパ大陸のチーズに比べると、イギリス産チーズの日本への輸出量は少ないのが現状です。

そもそも、イギリス発祥と言われているチェダーチーズとは一体何なのでしょうか？チェダーやブルースティルトンの他にイギリスチーズにはどんなものがあるのでしょうか？

一昔前、東京という世界でも類を見ないほどに、世界各国の食品、特にヨーロッパの食品が揃う都心で暮らす中で、ヨーロッパ大陸のチーズに出会い、単純に「チーズ」という食品が持つ奥深さに魅了されました。そしてその後、イギリスの片田舎で暮らすことになり、その中でチーズという一つの食べ物に向き合いつつ、イギリスのアルチザンチーズ業界の人々と数年にわたり仕事を共にしてまいりました。日本人向けに情報を発信する機会もありますが、まだまだイギリス産チーズに関する日本語の情報量は限られています。実はその事実でさえも、イギリス独特のチーズの歴史、文化の現れなのです。

そんな文化的背景などにも触れつつ、後半部分では厳選アルチザン系のチーズメーカーと工房、その手から生み出されるチーズをご紹介したいと思います。

イギリスチーズの特徴と魅力をお伝え出来たら幸いです。

マティス可奈子

イギリスチーズとは

イギリスチーズとは

イギリスの国土全体に広がる丘陵地や平野は、緑豊かで牧草もよく育ちます。羊の群れが、美しく輝かんばかりの青々とした丘陵地でゆったりと草を喰(は)んでいる姿は、イギリスの地方のあちらこちらで見かけることができます。そんな羊の群れが点在する田園風景こそがイギリスの地方のイメージです。このような自然環境であればこそ、他のヨーロッパ大陸の国々と同様、チーズはイギリスでも古代より人々の大切な食糧として重宝されてきました。また、農産物商品として自然環境や社会環境に順応したチーズ作りを営んできた長い歴史をうかがい知ることが出来ます。

初夏の南ウェールズ地方

チーズとはとても不思議な食べ物で、歴史をひもとけば、自然環境だけでなく、経済や国際政治を含めた社会環境にも適応しながら発展、発達、進化するという側面を持っています。イギリスも含めたヨーロッパでは、乳製品、特にチーズは食文化の基盤ともなり、国、さらには各地方のアイデンティティに寄与しています。フランスやイタリア同様、イギリスにも昔ながらの伝統的なチーズ、農家製チーズというものが存在し自然環境に適合しながら、その時々の状況に影響を受け発達してきました。

では、ヨーロッパ大陸とイギリスのチーズにはどのような違いがあるのでしょうか。ヨーロッパ大陸、特にフランスやイタリアでは、伝統的なチーズを自然環境、特に土壌、気候、地形などを踏まえた原産地、つまりある特定の地域に特化した独特な産物であると見る傾向があります。それに対してイギリスは、自然環境に合わせながらも、社会環境に機敏に対応し、チーズは常に進化するものであると捉える傾向があります。伝統文化や原産地を尊重しつつも、各チーズの生産者が、常に「より良いチーズ」を生み出そうと奮闘しています。何をもって「良いチーズ」とするのか。そこには、生産者それぞれの哲学、強い思いが反映されます。伝統を重んじ原産地の誇りを表現するのか、それとも市場に適合していくのか、単純に「美味しいチーズ」「面白いチーズ」を目指すのか。近年では、地方で新たに工房を立ち上げ、酪農を営み、原料乳を生産・加工してチーズを作り、付加価値を付けて市場に出すというサイクルを作ることで、地方の雇用を創出し地域経済に貢献すること自体に社会的価値を見い出す流れもあります。だからこそ、イギリスにはメーカーや農家の名前、そうでなければ生産者が独自に自身の思いを込めてつけた名前を冠するチーズがあり、それが大袈裟にいえば、各チーズのブランドとして確立しているのです。

イギリス南西部にある、「チェダー村とチェダー渓谷」

を発祥とするチェダーチーズを例にとりましょう。アルチザンチーズや農家製チーズにこだわりを見せる同地域のチェダーメーカー各社は、ＥＵの原産地名称保護制度により保護されている、”West Country Farmhouse Cheddar”というチーズ名称は使わず、”Montgomery's Cheddar”（P48）や、”Quicke's Cheddar”（P50）といったように、生産者の名前を冠したチーズを市場に出荷するのです。特にイギリスチーズのルネッサンス期とされている1980年代以降（P21）、モダンチーズというものが誕生しはじめて以来、その傾向はますます強くなっています。「誰がどのような哲学で」生み出しているチーズなのかということを個々のブランドとして確立しているのです。同じ伝統的なチェダースタイルであるとはいえ、実際にそれぞれを味わってみると、すべてに風味、味わい、食感といった微妙なニュアンスの違いがあり、生産者にしてみれば、作り手が違えばそれは当然であるというスタンスなのです。シンプルに表現するならば、イギリスでは一つのアルチザンチーズに一つの作り手という公式が成り立ちます。これこそがまさに、現在イギリスで確固たる名称がつけられているアルチザンチーズの現状であり、その数が700種ほどにも上る理由なのです。

　ただ、これにはデメリットもあります。一つのチーズの作り方をマスターしているのは一人の生産者、一つの工房であるということは、その生産者や工房に何かあった場合、彼らが生み出すチーズも市場から姿を

初夏のサマセット

消してしまうことになります。今なお進化、発展のスピードが凄まじいイギリスのアルチザンチーズ業界では、毎年、新たなチーズが市場に登場するかたわらで、静かに市場から姿を消すチーズもあります。ここ数年でも、それまで高級アルチザン農家製チーズとしてチーズ業界で知られていたチーズが突如、業界から惜しまれつつ姿を消していくのを見てきました。2020年以降の未曾有のコロナ禍でも、その影響でアルチザンチーズ業界から惜しまれつつ暖簾を下ろしたチーズ農家もあれば、その農家の山羊を買い取り、そのミルクで新たなスタイルのチーズを作り始めたチーズ農家もあります。また、「コロナと共に生きる」ことを前提に、そのような社会環境に適合していけるよう、自分たちが作るチーズのスタイルの方向転換を機敏に図った生産者もあります。

ただし、チーズ作りの古い歴史と伝統を持つ国でもあるため、自身の哲学を基準とした「より良いチーズ」を目指し、自由な発想で斬新なチーズを生み出している生産者たちも、イギリス国内の各地域で作られていたであろう昔ながらの農家製チーズを常に意識はしているのです。それは、チーズ作りとは決して切り離して考えることはできない自然環境と食文化への敬意でもあるのです。その地域に適したチーズ、そしてその地域だからこそ、昔ながらに、地元の人々に愛されるチーズのスタイルというものがあります。

現在、イギリスのチーズの世界は、大まかに次の四つのグループに分けることができます。

【アルチザン / 農家製テリトリアルチーズ】

16 世紀ごろからイギリス各地の自然や歴史・社会環境に応じて発達し、生産地域名がその名に含まれ、今でもアルチザンスタイル（原料乳の質にこだわり、チーズ職人の知識、経験、技を活かしながらほぼ手作り、かつ少量生産）か農家製（「アルチザンチーズ」であることに加え、動物の飼育を含む原料乳の生産からチーズ作りまでの全工程を一つの生産者が担う）で作られる伝統的なチーズ。上質感があるため、一般家庭の食卓に日常的に上るというよりは、嗜好品的要素も持ち、特別な機会に楽しむチーズともいえる。

【アルチザン / 農家製モダンチーズ】

1980 年代以降、ヨーロッパ大陸のチーズ作りの影響を受けながら、イギリスで新たに作られるようになった新しいスタイルのチーズであり、その中でもアルチザンスタイルまたは、農家製のもの。上記同様、上質感があり、嗜好品としてまたは特別な機会に楽しむチーズといえる（本書では、とっておきのイギリスチーズとして、アルチザン系のチーズメーカー・生産農家 16 社と、その工房から生み出されるアルチザン / 農家製チーズに的を絞ることとします）。

【大量生産スタイル（ブロックスタイル）テリトリアル】

イギリスの伝統的な生産地の名前がチーズ名に含まれているものの、産地とは全く関係のない地域で生産されることもあり、かつ、工場で量産されていることが多い。主にスーパーマーケットの乳製品コーナーの棚に、真空パックまたはブロックスタイルで陳列され、大量販売されている。イギリスの一般家庭の食卓で一番馴染みのあるチーズで日常的に食される。家計にも非常に優しく、日本でいえば、スーパーマーケットの冷蔵食品コーナーに並ぶお豆腐のイメージに近い。

冬のデボン (Sharpham Estate)

【モダン系大量生産スタイル】

イギリスの伝統的なチーズスタイルとは関係なく、主にヨーロッパ大陸のチーズに影響を受けながら、工場で大量生産される、いわゆるモダンなコマーシャルチーズ。パッケージのデザインなどがしっかりとしており、消費者が気軽に購入しやすく、家庭の懐にも非常に優しいチーズ。イギリス産モッツァレラ、リコッタ、サラダチーズ（ギリシアのフェタチーズ様のもの）、ハルミなど。

自然環境

イギリスは緯度が日本より遥か北に位置しているため、夏と冬との日照時間に大きな違いがあり、暖流である北大西洋海流の影響で、年間を通じて一定量の降水があります。そのため夏には牧草がよく育ちます。

夏は比較的冷涼で平均気温は23℃程度である一方、冬は温暖で、イングランドの中南部の気温は東京とさほど変わらないくらいか、むしろ若干暖かいくらいです。また、国土の大部分は平野であるか、または、なだらかな丘陵地であるため、年間を通じ、長い期間、家畜を放牧できる環境にあります。

Forest of Bowland
AONB（特別自然景観指定地域）

このように、日照時間、気温、降水量、地形など、あらゆる面でイギリスは古来より畜産、酪農を営みやすい自然環境が整っていたと言えます。貴重な栄養源として必然的に始まったチーズの生産ですが、時代の流れとともに食が豊かになるにつれ、日々の暮らしの中で人々の心に充足感をもたらす、嗜好的な要素も持つようになりました。現代では、自然環境保護や農業そのもののあり方までも視野に入れた伝統的な食文化の一つであるという誇りのもと、イギリスのアルチザンチーズは発展し続けています。

歴　　史

イギリス国内で発掘された陶器の残留物の分析結果により、イギリスで乳加工が始まったのはヨーロッパ新石器時代、紀元前 4,000 年頃ではないかと推測されています。その後、歴史の営みのなかでイギリスチーズはどのように発展・進化を成し遂げてきたのでしょうか。歴史的背景をもとに歩みを見ていきましょう。

ブリタニア時代（ローマ帝国）

西暦 43 年、現在のイングランドの大部分はローマ帝国の属州となり、高度に発達していたローマ帝国の文明がブリテン島へもたらされました。チーズはローマ遠征軍の貴重な食糧であったため、ローマ帝国の属州の各地ではチーズ生産技術が発達したとされています。この時代、ブリタニアの乳文明は大きな影響を受け、チーズスタイルの発達にも大きく寄与したといわれています。

アングロ・サクソン期

5 世紀に入り、ローマ帝国がブリテン島を放棄すると、アングロ・サクソン人がヨーロッパ大陸から侵入し、7 世紀頃に現在のイングランドに七つの王国を築きました。王から荘園を与えられた領主たちが納めていた年貢にはチーズも含まれていたと推測できる資料が現存しています。

また、この時代は中央ヨーロッパでローマキリスト教会による修道院制が急速に広がり、各地に修道院が建設されました。“祈りかつ働け”の精神で自給自足による生活を確立した修道院は、農業、医療をはじめとする先進技術の発展に貢献していくことになります。ソフトなウォッシュスタイルチーズなどの生産技術は、当時、ヨーロッパの修道院で発達したものであり、今でもヨーロッパ各地にその名残があります。

ノルマン朝〜プランタジネット朝

ヴァイキングの流れをくむノルマン人が北フランスに侵入し、やがてこの地にノルマンディー公国が成立します。当公国のギョーム２世は、1066年にブリテン島へ侵攻しイングランドを征服します。これがヨーロッパ史上、かの有名なノルマン・コンクエストであり、この征服ののち、ギョーム２世がウィリアム１世としてイングランド王の座に即位します。このノルマン王朝の成立が現在のイギリスの礎となりました。

イギリスとフランスの交流・交易は盛んであり、フランスから海峡を渡り、イングランド北部、現在のヨークシャーに修道院を開いた修道士たちがいました。フランスチーズの製法が現在のヨークシャー地方に伝わり、それらは時の流れの中で発達しながらイングランド北部地方のテリトリアルチーズ群の一部として進化し、今もなおこの地方の人たちに親しまれています。また、当時のイングランドでは羊毛生産とともに羊乳チーズ作りが発達し、とくにイングランド南東部、現在のイーストアングリア地方ではそれが大きく発展していきました。チーズの生産は大荘園直営のビジネスとなり、イングランドからノルマンディー地方や海峡を越えた大陸側のフランドル地方へ羊毛や羊乳チーズが輸出され、貿易が拡大していきました。しかし、市場経済に大きく動かされるようになると収益性が重要視され、次第に羊毛生産とチーズ生産が切り離され大荘園は羊乳製のチーズ生産から牛乳製チーズ生産へと移行していきます。また、15世紀半ばの多雨による羊の病気がイングランドを襲ったことで、羊乳チーズ生産は衰退の一途を辿ることになりました。荘園農業の始まりから衰退、さらに新興商人による商業主義農業の始まりと時代は推移し、新たなチーズ市場が形成されていったのです。

チューダー朝（16世紀）～ハノーバー朝初期（18世紀）

16世紀～17世紀にかけて、イギリスは一国家としてまとまり、さらに大きく発展していきます。ヘンリー八世による修道院の接収などにより、農業の商業化に拍車がかかります。巨大化していくロンドン市場からの需要に応じる形で地方でのチーズ作りは発展していきました。また、当時はヨーロッパ全体が大航海時代へと突入していった時代であり、商船や海軍の乗員のための食糧として、長期の保存・運搬に耐えうるチーズへの需要も増していきました。

エリザベス1世（1533～1603）による安定した統治、シェークスピア（1564～1616）などに代表される文化の繁栄、そして市民革命と新大陸での植民地の拡大などによりイギリス全体が富を蓄えるようになると、ロンドンでは贅沢品が求められ、特に富裕層の間では上質なチーズが求められるようになりました。ロンドンのチーズ市場をほぼ独占していたイーストアングリアでは、利益率の高いバター生産のために、脂肪分をすくい取ったあとの低脂肪乳からチーズが作られていました。これは、長期保存や輸送に適していましたが、低品質、低価格の実用的なチーズでした。そのため、ロンドンのチーズ商たちは、別の地方に上質なチーズを求めるようになります。それまであまり知られていなかった地方の上質なチーズが、この機にロンドンで知られるようになったのです。とくにチェシャーチーズへの人気が高まり、ロンドンで盛んに取引きされました。上質なチーズ作りのための技術向上は急務となり、18 世紀に入ってからチーズ生産技術の著しい革新へとつながっていきました。チーズの大きさや形、内部水分量のコントロール、内部腐敗防止、保護表皮といった課題を克服するなど、チーズスタイルも確定されていきました。これらが現代でいうところのイギリス テリトリアル チーズ群の原型となっています。

生産技術の革新期に、チーズの農家とロンドン市場をつなぐ役割を果たしていたのが「チーズ商」たちでした。現代でもメジャーなチーズ商たちが、農家やチーズ生産者と協働しながら、アルチザンチーズや農家製チーズのさらなる品質向上のために、たゆまぬ努力をしています。いつの時代もチーズ商の存在が重要であることが分かります。

ハノーバー朝（18 ～ 19 世紀）

1707 年にスコットランドとイングランドが統一され、グレートブリテン王国が誕生します。これにより南北をつなぐ主要道路が急速に整備され物流も発達していきました。当時の君主であったアン王女の使用人が、高級食品店 Fortnum & Mason を創業したのも 1707 年であり、その前年の

1706年にはコーヒーハウスとして創業したTwiningsが世界初の紅茶店をロンドンに出店するなど、ロンドンの商取引はますます盛んになっていきました。

イギリスチーズ商として最長の歴史と数々のロイヤルワラントを誇るパクストン＆ウィットフィールド（Paxton & Whitfield）は1742年に創業しています（創業当初は別屋号。Paxton & Whitfieldは1797年～）。「イギリスチーズの王様」とも言われるスティルトンがロンドン市場で広く知られるようになったのもこの時代であり、パクストン＆ウィットフィールドにもスティルトンが取引されていたという記録が残っています。

イギリスチーズの代表格ともいえるサマセット産のチェダーチーズは、当初、その品質と味わいから高価であり、巨大なサイズゆえに輸送も困難でロンドン市場への参入は遅れていました。しかし物流の発達とともに、ロンドン市場参入が進んでいきました。19世紀、産業革命の真っただ中、「チェダーチーズの父」といわれるジョセフ・ハーディングとその妻であるレイチェル・ハーディングは、チェダーチーズ作りを科学的見地から分析し、一貫した品質のチェダーチーズの生産工程を標準化させます。この生産システムは、世界のチーズ生産者に教授されていきました。世界の各地で今なおチェダーチーズが生産されている所以と言えましょう。特にイギリスの植民地であったアメリカへは、イギリス本国のチーズが輸出されるのと同時に生産技術も伝わります。すでに工場設備を利用し効率的かつ大規模な生産が始まっていたアメリカのチーズ工場では、すみやかに生産システムが導入されたことはいうまでもありません。

こうしてアメリカで生産された大量生産スタイルのチェダーチーズは、結果的に、ヴィクトリア女王の下で繁栄を極め、人口爆発を起こしていたロンドン市場へと逆に流れ込んでいくこととなります。イギリスでは、農村での農家製チーズと工場大量生産チーズの二分化が始まりますが、工場製のチーズという面ではアメリカが先行していたため、イギリスの工場製チーズは太刀打ちできず、また、鉄道の発達により牛乳をロンドンへ輸送できるようになったことで、地方の酪農家にとってはチーズよりも牛乳の方が市場での利益を生むようになっていました。

19 世紀終盤になると、イギリスにおける農家製チーズの生産は衰退していきます。同時に、アメリカだけでなくカナダやニュージーランドといった英連邦国からのチーズ輸入量が増加していきました。

20 世紀～ 1980 年

農家製チーズや生産農家そのものが減少していくさなか、第一次世界大戦が勃発し、国家全体の労働力が戦力という形で失われます。さらに追い討ちをかけるように始まった第二次世界大戦と不安定な状況の下で、乳は国の政策の一つとして中央管理されるようになりました。栄養価の高いチーズは第二次世界大戦中に国の配給システムに乗せられ、食糧管理対策の一環として「チーズに加工できる乳はすべてチーズ工場設備で集荷し、ハードタイプのチーズに限定して生産加工」されることになったのです。結果として、「スティルトン」「ランカシャー」「グロスター」をはじめとする地方各地の農家で発展、発達してきたチーズ、世界に出回った個性豊かなテリトリアルチーズや保存性が低いソフトなチーズを生産することができなくなり、イギリスの農家製チーズは事実上、ほぼ壊滅することになりました。

国の政策としての食糧配給システムは1954年に終了します。同じ頃、農家製チーズの復興活動、モダンアルチザンチーズ発達の先駆者として語られるパトリック・ランス (Patrick Rance) 氏がイギリスの田舎町の食品店を買い取り、自身のチーズショップをオープンしました（2021年現在、Wells Farm Shopという屋号で引き継がれている。P23参照）。しかし、この時代は戦後の経済発展の流れに乗りスーパーマーケットが急速に台頭し始めていました。スーパーマーケットのチーズ売り場では、生産効率と手軽さを重視した大量生産スタイル、個別包装済みのチーズが大半を占めるようになります。農産物の名称保護システムが存在していなかったこともあり、かつて、人気を誇っていた地方農家で作られていたチーズ名を冠したものが、スーパーマーケットで販売されるようになりました。

この流れに疑問を投げかける動きが、その後、1970年代に始まったとされる、「農家製チーズのルネッサンス / 復興期」をもたらします。何世代にも渡り、その土地特有の上質なチーズを生産し、イギリス固有のチーズ文化を築き上げてきた生産農家の存在感が、もはや風前の灯火となっている状況に深い危惧の念を抱いたランス氏は、これらのチーズの復興活動に尽力していきます。

アルチザン / 農家製チーズ復興期（20世紀後半～現在）

ランス氏を始めイギリス農家製チーズの復興活動を先導していた人々は、国中のチーズ生産農家を訪ね、さまざまな角度から献身的な支援を重ねていきます。

同じ頃、ロンドンのコベントガーデン地区の一角、当時は寂れ果てていたといわれるニールズ ヤードの開発が始まります。この開発でいくつかの個人経営の事業が産声をあげますが、その一つが、イギリス・アイルランド産農家製チーズの聖地とも謳われるニールズ・ヤード・デアリー(Neal's Yard Dairy)です。初代店主だった、ランドルフ・ホジソン (Randolph Hodgson) 氏もランス氏同様、自らが経営するチーズ専門店で取り扱うべく、イギリス国内さらにはアイルランドの農家製、アルチザンスタイルのチーズを探求し始めます。そして、ランス氏同様、「イギリス農家製チーズの復興、発展」のために献身的、精力的に活動していったのです。

1980 年代に入ると、ランス氏やホジソン氏の活動に賛同する人々が次々と現れ、アルチザンチーズ業界全体が活気付いていきます。その中でも代表的な人物の一人が現在のファイン・チーズ・カンパニー (The Fine Cheese Co.) の創業者、アン=マリー・ディアス (Ann-Marie Dyas) 氏です。チェダーチーズの発祥地、サマセット州のバース市にチーズ専門店をオープンし、イギリス産農家製チーズの保護や支援に留まらず、アルチザンチーズ業界に新しい風を吹き込んでいきます。

こうして、戦後、凄まじい速さで変化していくイギリス社会、経済情勢のなかで紆余曲折はありながらも、壊滅状態だったイギリスの伝統的な農家製のチーズは 1970 年代以降、徐々に復興し、さらに発達、発展し続け、現在に至っています。その流れの中で、フランスやイタリア、スペインといった、ヨーロッパ大陸の伝統的なチーズの影響を色濃く受けた新たなスタイルのチーズも次々と誕生しています。これらが、現在、モダン・ブリティッシュ・アルチザンチーズと呼ばれるものたちです。

1973 年のイギリスの EU 加盟は、農業だけでなくイギリスの食文化に多大な影響を与え、それがイギリスのモダンアルチザンチーズの発達にも現れています。2021 年、イギリスは EU から完全に離脱しました。EU 離脱をきっかけにイギリスのチーズは今後どのように変化していくでしょうか。

ヨーロッパでは文化遺産と言っても過言ではないチーズ。チーズは土地だけでなく、ときに国民気質や文化、社会環境をも反映する食べ物です。チーズ生産者それぞれの自由な発想、チーズという食べ物に対するそれぞれの価値観や哲学を反映させながら、イギリスのアルチザンチーズは発展、発達を続けています。世界を一変させたコロナ・ウィルス・パンデミックですが、イギリスアルチザンチーズ業界全体の連帯感はいっそう強まりました。パンデミックをきっかけに、新たなスタイルの農家製のチーズが迅速に誕生したことも、将来、イギリスチーズ史の一幕として語られることになるのかもしれません。

1706 年創業時とほぼ同じ状態のトワイニング

現代の Fortnum & Mason スティルトンポット（1707 年に創業された高級食品店であったことを表すイラストが描かれている）

ヴィクトリア時代盛んに作られたチーズ専用陶器（奥 - スティルトン専用のもの）

2021 現在の Wells Farm Shop

パトリック・ランス氏の功績を伝える Wells Farm Shop 内の掲示板（2017 年 9 月）

現在もアルチザンスタイルのイギリス産チーズが並ぶ Wells Farm Shop 店内

Cheesemakers / チーズメーカー

1 Montgomery's Cheese
モンゴメリーチーズ
モンゴメリーチェダー

2 Quicke's
クイックス
クロスバウンドチェダー

3 Isle of Mull Cheese
アイルオブマルチーズ
アイルオブマルチェダー

4 Cropwell Bishop Creamery
クロップウェルビショップクレマリー
ブルースティルトン

5 Colston Bassett Dairy
コルストンバセットデアリー
ブルースティルトン

6 Stichelton Dairy
スティッチェルトンデアリー
スティッチェルトン

7 Trethowan Brothers
トレザワンブラザーズ
ゴーウィッドケアフィリー

8 Leicestershire Handmade Cheese
レスターシャーハンドメイドチーズ
スパークンホーレッドレスター

9 Mrs Kirkham's Lancashire
ミセスカーカムズランカシャー
カーカムズランカシャー

10 Neal's Yard Creamery
ニールズヤードクレマリー
ドーストーン

11 Charles Martell & Son
チャールズマルテル アンド サン
シングルグロスター

12 St Jude Cheese
セントジュードチーズ
セントジュード

13 Fen Farm Dairy
フェンファームデアリー
バロンバイゴッド

14 Hampshire Cheese Company
ハンプシャーチーズ カンパニー
タンワース

15 King Stone Dairy
キングストーンデアリー
ロールライト

16 Norton & Yarrow Cheese
ノートンアンドヤロウチーズ
シノダンヒル

チーズメーカー名（英語表記）
チーズメーカー名（日本語表記）
代表チーズ名

Cheesemongers / チーズ商

1 Paxton & Whitfield
2 Neal's Yard Dairy
3 The Fine Cheese Co.
4 The Courtyard Dairy

アルチザンチーズを支えるチーズ商

GARETH
DUNLOP

Image courtesy of Neal's Yard Dairy
©Harry Darby

チーズ業界専門辞典、"The Oxford Companion to Cheese（2016）" における "Cheesemonger – チーズ商" の定義を要約すると、「専門知識、技量を持ったうえで、組織的に一定量のチーズ販売に専属する人たち」となります。

先述のランス氏は、今なおイギリスのチーズ専門家たちの間で読み継がれている、自身の著書 "The Great British Cheese（1982）" の中で、チーズを販売する人々へのメッセージとして、

「良いチーズの存続と繁栄は、チーズを扱う者たちによる物事を正しい方向へ向けようとするプロ意識、そしてそうすることで生計を立てている人々にかかっている」

と明記しています。イギリスアルチザンチーズ復興期のランスのこの言葉は、今なおイギリスのメジャーなチーズ商の哲学として生き続けていますが、ここでいう専門知識、技量はそれぞれのチーズ商で異なり、それが個々のチーズ商、チーズ専門店を特徴づけています。それぞれに違った専門知識と技量を持つからこそ、現在のイギリスアルチザンチーズの繁栄と発達を多方向から支えることができ，今なお発展、発達し続けているがゆえに、個人経営のファームショップやデリなども含め、現在では各地方に多くのチーズ商が存在するのです。

本章では、これらの中でもイギリス、ひいては世界でも先駆的立場にあり、個性も豊かなイギリスならではのチーズ商４つを厳選し、それぞれの哲学を含めた特徴をまとめてみました。同じチーズ商でも、いかにそれぞれに個性があり、専門性があるかが見えてくるはずです。

No.93 Jermyn Street - 120 年以上にわたりこの地に店舗を構える旗艦店

PAXTON & WHITFIELD

パクストン＆ウィットフィールド（Paxton & Whitfield）は 1742 年にマーケットのチーズ屋台として創業しました。イギリス、そしてロンドンの繁栄に伴うチーズ需要の高まりとともに徐々に事業を拡大し、1797 年、パクストン氏とウィットフィールド氏のパートナーシップにより、Paxton & Whitfield という現在の屋号となりました。

イギリスが世界で植民地を拡大していた当時、ロンドンではチーズの商取引が盛んだっただけでなく、上流階級社会の間では上質なチーズは嗜好品でもあったと言われています。1800年代初期に当時の貴族、上流階級の需要を満たすべく、ハイソサエティの社交の場であるジェントルマンクラブが集まるセントジェイムズ地区に移転。それ以来、200年以上にも渡りこの地区でイギリス最長の歴史を誇るチーズ商としてイギリス産だけでなく、ヨーロッパ大陸産の厳選された上質なチーズを多数取り扱っています。2020年現在は販売するチーズの約3分の2がイギリス産、3分の1がヨーロッパ大陸産であり、店内には様々な種類のチーズが並んでおり、目移りしてしまいます。1850年に当時の君主だったヴィクトリア女王からロイヤルワラント（王室御用達）の認定を受けて以来、複数のロイヤルワラントを授与され続け、現在は、エリザベス女王とチャールズ皇太子御用達のチーズ専門店として、ロンドンの旗艦店内に2つのロイヤルワラントの紋章が掲

げられています。王室だけでなく、第二次世界大戦中のイギリス名首相、かのウィンストン・チャーチル も、「紳士たるもの、チーズは Paxton & Whitfield のものを」という言葉を残しています。長い歴史を誇る旗艦店は、今なおロンドン社会の富裕層が集まり、他の分野でロイヤルワラントを保持する高級品店の数々が軒を連ねるジャーミン・ストリートに荘厳な佇まいで存在しています。

また、ロンドンの市内の高級住宅地であるチェルシー地区にも店舗を構え、厳選されたイギリス産、ヨーロッパ産のチーズをもとに、ロイヤルファミリーだけでなく、ロンドンのハイソサエティの人々の心までを満たしています。イギリスの歴史と伝統を背負うチーズ商らしく、重厚感溢れる自社ブランドのチーズを楽しむためのグッズ、食品、ワインなども取り扱っており、店内に一歩入れば、ヨーロッパ全土からの厳選されたチーズの芳しい香りを楽しむことができるだけでなく、イギリスの伝統的な食の嗜みの歴史までをも肌で感じることができます。

120 年以上に渡り店舗を構える所在地番号をラベルに冠する自社商品

チーズに欠かせないシャンペーンも自社ラベル

ロンドン市内に 2 店舗、乳製品の一大生産地域であるサマセット州のバース市内に 1 店舗、そしてコッツウォルズ地域内、シェークスピアの生誕地として有名なストラットフォード・アポン・エイヴォンに 1 店舗 を構え、それぞれの地域で嗜みとしてのチーズを提供し続けています。

ヨーロッパ各地のソフトチーズが並ぶ店内コーナー

クリスマス前の週末にできる行列は風物詩となっている

©Harry Darby

Neal's Yard Dairy

ニールズ・ヤード・デアリー（Neal's Yard Dairy）は、1979 年、ロンドン市内中心のコベント・ガーデンの一角で、ヨーグルトやフレッシュチーズなどを自社生産、販売する小さなショップとして創業しました。今では、世界有数のチーズ熟成業社としても知られています。ロンドン市内に 4 店舗のチーズ専門店を構えるだけでなく、ヴィクトリア時代に建造された南ロンドンにある煉瓦造りの鉄道高架橋下には大規模な自社チーズ熟成設備も保有しています。

イギリスの農家製チーズの素晴らしさ、そしてそれらの存在意義に開眼し、創業後すぐに事業主となったのがランドルフ・ホジソン氏です。イギリスチーズの歴史でご紹介したように、彼は自らの事業を営む中で、全国のチーズ農家を巡り、当時は壊滅的な状態であった伝統的な農家製のチーズの復興、保護、発展に尽力していきました。

　農家製チーズは、季節ごとに、また個体ベースでも風味や食感がそれぞれに違い、常に変化し続けるものであり、個体それぞれに味わいのピークがあります。そして、生産者の知識や技能だけでなく、土壌や動物の種類、家畜の飼育環境を含めた自然環境で決まる原料乳の質、そして熟成環境、熟成状態といった生産過程の要素のすべてが味わいに反映されます。ホジソン氏は、これらの潜在性を最大限に引き出し、最高の状態にある農家製チーズの素晴らしさを自らのショップで一人でも多くの人に伝えていくことで、イギリスの農家製チーズを復興させ、さらなる発展につなげていきました。

　ショップでチーズを販売する際は、必ず顧客と試食をし、チーズについて話し、顧客にそのチーズ自体の味わいに納得してもらった上で購入してもらいます*。そして、チーズの味わいに対する顧客の意見は生産者にも

＊　感染予防対策など諸事情により試食できない場合もあります。

バラマーケット店舗のチーズカウンター
©Harry Darby

アイコンともいえる荘厳な伝統チーズのディスプレイ

伝え、自らも定期的に、自分の足で生産者を訪れ、チーズの味わいを確認した上でグレードの高いチーズを仕入れます。チーズ商であるニールズ・ヤード・デアリーとチーズ生産者が常に協働していくことが、チーズの質そのものの向上と農家製チーズの業界全体の発展へとつながっています。ホジソン氏のチーズ事業に対するこの姿勢は40年経った今でも連綿と引き継がれ、ニールズ・ヤード・デアリーはイギリス、アイルランド産の農家製チーズの復活、発展の主要な牽引役となっただけでなく、自社事業もそれに合わせて発展し、世界有数のチーズ商、そして熟成業社となりました。

冒頭でも紹介したヴィクトリア時代の煉瓦造りの建築物は、保温、保湿性に優れているため、チーズの熟成に最適な環境を作りやすく、ここで専属の熟成士たちが日々、丁寧にチーズの手入れをしながらチーズの潜在性を最大限に引き出しています。専門のバイヤーたちは定期的にチーズ生産者を訪ね、チーズの質を確認した上で上質なものをセレクトして仕入れるだけでなく、時には生産そのものに関わることもあります。業界全体の発展のために、ここ数年は、ニールズ・ヤード・デアリーで経験を積んだ専門家のチーズ商としての独立や、新たなチーズ生産農家としての事業立ち上げも支援しています。

"Improving British and Irish Cheese"
—イギリス、アイルランド産チーズのさらなる発展—

これは、ニールズ・ヤード・デアリーが近年、明文化した自社の事業モットーです。チーズ作り、セレクション、熟成、そして質の向上に時間とエネルギーを注ぐことで得られる経験をもとに、イギリス、アイルランド産のチーズのさらなる発展に大きな貢献を果たすチーズ商、ニールズ・ヤード・デアリー。ショップ内に積み上げられたイギリス、アイルランド産のチーズのディスプレイは荘厳かつ圧巻で、威厳さえ感じます。

チーズの状態と風味の確認は常に徹底して行われる

©Harry Darby

チーズの品質向上を生産者とともに研究し続けるバイヤー（パーシーヴァル氏）

創立者の故アン=マリー・ディアス氏（バース店舗にて）

The Fine Cheese Co.

"Seek out the best, and, when you've found it, keep looking"

— 最上のものを追求し、見つけてもさらに追い続けること 。—

ファイン・チーズ・カンパニー（The Fine Cheese Co.）の創業者であり、1980 年代後半からのイギリスアルチザンチーズの復興 に貢献した主要人物の一人、アン＝マリー・ディアス 氏が残したこの言葉は、今でもファイン・チーズ・カンパニー の事業信念としてしっかり継承されています。

1980 年代後半、イギリスのアルチザンチーズの復興と発展に貢献すべく、ディアス氏はサマセット州バース市にチーズ専門店を開きます。1980 年代後半といえば、イギリスではヨーロッパ大陸の食材が流行り始め、国内の食文化が大きく変わった時期です。その影響もあり、ディアス氏は、イギリス産だけにとどまらず、ヨーロッパ大陸の上質な農家製アルチザンチーズ、さらには、持ち前の審美眼で上質なチーズに添えるための高品質な食材を世界に求めていきました。各チーズのスタイルに合わせ、上質なチーズが潜在的に持つ味わいや風味を最大限に引き出すために、自らも副食材の研究開発を手掛け､数々の上質で美しいドライフルーツ､ジャム、ゼリー、ピクルス、クラッカーやビスケットなどを生み出しました。今ではイギリス国内各地にある個人経営のデリカテッセンやチーズショップ、ファームショップのほとんどに、さらにはパリのチーズ専門店、そして東京の輸入食材店でも "The Fine Cheese Co." の文字がついた商品を見かけます。そして、これらがあるからこそ、上質なチーズを買い求める人

チーズを最大限に楽しむために研究開発し尽くされたクラッカー　©Jason Lowe

たちの楽しみと満足感が増すといえます。

ファイン・チーズ・カンパニーのブランドはイギリスのバース市から世界へ広がり、2016 年の夏にはロンドン市内の一等地、ベルグラビアに新しい店舗もオープンしました。店内はイギリス産だけでなく、ヨーロッパ各地から取り寄せられた上質なチーズやシャルキュトリ、ワイン、チーズを引き立てる食材やクラッカーなどで溢れています。ショップ全体の洗練された美しい雰囲気は、アルチザンチーズはもちろんのこと、利益ではなく、質を優先にして作り出される食品の美しさと無限に広がる楽しさやその意義を私たちに無言で伝えてくれます。まるで、ディアス氏の魂がそこに生きているかのようです。

2017 年 9 月、この世を後にしたアン＝マリー・ディアス氏の 30 年に渡る業界への貢献と、ディアス氏への哀悼の意を表し、イギリスのアルチザンチーズ業界は 2018 年より、二つの主要なチーズコンテスト 、（ブリティッシュ・チーズ・アワーズと、世界最大規模の国際コンテストであるワールド・チーズ・アワーズ）それぞれで、The Ann-Marie Dyas 特別賞を設け、ディアス氏の信念、哲学に叶うチーズを表彰しています。もちろん、受賞チーズはファイン・チーズ・カンパニーで味わうことができます。

©Jason Lowe

チーズを最大限に楽しむために生み出されたクラッカーのひとつ

チーズを美味しくするために自社開発されたジャムやクラッカーの数々

The Coutyard Dairy とそのマスコットキャラクター

The Courtyard Dairy

ショップの向かい側に広がるヨークシャー・デイルズ

イングランド北部、伝統的なチーズ生産地域であるヨークシャーとランカシャーの境に店舗を構えるコート・ヤード・デアリー（The Courtyard Dairy）。チーズショップの向かいには、ヨークシャー・デイルズ国立公園、裏手には特別自然美観地域（AONB）にも指定されているフォレスト・オブ・ボウランドの広大な田園風景が広がります。

高品質であることを最優先に、農家製、無殺菌乳チーズ、そして可能なかぎり地元産のチーズの中からという条件のもと選び抜かれた、わずか30～40種類ほどチーズを専門に取り扱うチーズ商です。一見、広大な原野の中を抜ける道路沿いにある小さな個人経営のチーズ専門店のようですが、創業者であり、オーナーでもあるアンディー・スインスコー氏は、イギリスアルチザンチーズ業界では、「チーズヒーロー」と呼ばれることさえある人物です。スインスコー氏は、上質なチーズ、持続可能な農業と自然環境、個人経営で規模の小さなチーズ生産農家の経済性、そしてそれをベースに発展する地方経済をトータルで考え、チーズ商はそのつなぎ役であるべきだという確固たる強い信条の持ち主です。地元のカーカームズランカシャーをはじめ、自らの信念にかなうイギリス国内のチーズ生産者をあらゆる角度か

厳選されたチーズが並ぶ店内ディスプレイ

らサポートする存在なのです。農家製無殺菌乳チーズの生産者たちが高品質のチーズ作りに専念できるよう、そして彼らの生計が成り立つよう助言していく一方、自らはチーズ商として、シンプルに上質なチーズの価値をより多くの消費者を啓蒙しながら販売していく。チーズ生産地域でそのサイクルが上手く回れば、素晴らしい味わいの農家製チーズが生まれるだけでなく、やがてそれは雇用を生み出し、一つの地域経済を作り、地域の活性化につながります。創業わずか8年強で、ランカシャーとヨークシャーの原野の、一見何もないような所に、チーズをベースにした一つの経済サイクルを実現させただけでなく、新たにチーズ生産をスタートさせた農家も誕生するなど、一度は失われた、この地域特有の伝統的なスタイルのチーズの復活に貢献しています。

伝統的なチーズ作りの器具を展示解説
（ミュージアム内展示）

　これらを実現できたのには、アンディー・スインスコー、キャシー・スインスコー夫妻の強い信念と、チーズ愛、そして何よりも創業前にスインスコー氏自身がフランスの熟成業者や、ロンドンのチーズ商で培った経験と知識にもとづく、イギリス農家製チーズに対する、絶対的な自信ともいえる熱い想いがあるか

チーズプレス機とその役割を解説
（ミュージアム内展示）

らなのでしょう。

コート・ヤード・デアリーのショップでは、イギリス国内の最上質ともいえる農家製チーズや、チーズ生産の面では発展途上にある農家から生み出されるこの地域特有のチーズも楽しむことができます。敷地内にはイングランド北部のチーズ作りの歴史を学ぶことができるチーズ博物館やカフェが併設され、へんぴな場所にポツリと存在するチーズ商は、今や地元の人々にとってはそのためだけに出かける価値のある場所となっています。数世紀に渡りほぼ変わることのない美しい景観の中で、地元の人々に愛されるショップとして、さらにはイギリス農家製チーズ発展の一牽引役ともなっているコート・ヤード・デアリーは、アフタヌーンティーや保養地としても有名なハロゲイトから車で１時間弱の所にあります。その１時間は美しいヨークシャー・デイルズをドライブです。アフタヌーンティーを目当てにハロゲイトまで足を伸ばす機会がある方には、ぜひあと一足伸ばし、訪れていただきたい場所です。

”Courage of our convictions” –「自らが持つ強い信念を貫く」ことから得られる充足感。コート・ヤード・デアリー は、この充足感とイギリスチーズ愛に溢れています。

チェダーチーズとは

イギリスチーズの代表、さらにはイギリス伝統食の代表と言っても過言ではない「チェダー」チーズ。しかし、そもそも、「チェダー」とは何であるかをはっきりと定義するのは非常に難しく、本国とされるイギリスでもいまだ、議論される時があります。歴史の章でも触れた通り「チェダー」とは、イギリスという国の歴史の流れに沿って、世界で最も商業化、産業化、そして標準化が進んだチーズです。ちょうど、「英語」という言語が世界に広まり、いつしか世界の共通言語になったものの、それぞれの国々で、少しずつ発達し、変化していったのと同じようなものだと説明すると、分かりやすいかもしれません。

イギリスで乳製品の一大生産地に数えられるサマセット州に、チェダーという名の村があり、その村内の渓谷（通称チェダー渓谷）には石灰岩質の洞窟が続いています。「チェダー」という名はこの村名に由来しています。この地で生産され、この洞窟で熟成保管されていた大型のハードチーズが、「チェダー村のチーズ」としてロンドンに広まり、やがて、イギリスという国そのものの歴史ゆえに、交易が盛んだったアメリカ、カナダ、オーストラリア、ニュージーランドにも伝わりました。そして、その広がりのなかで、各国、各地の自然環境や社会環境にあわせてそれぞれ変化、発達したものの、チーズ名だけはどれも「チェダー」として残り、今に至っています。サマセット地方で定着した、生産過程の一部の独特の工程は、「チェダリング」と呼ばれ、このチェダリング工程が生み出す、特有のミルクのコクのある酸味とほのかなナッツを思わせるニュアンス、そして弾力性がありながらも、ポロポロと崩れるハードなボディが「チェダー」と呼ばれるチーズの一般的なイメージです。また、長期保存が効くハードチーズであることの利便性ゆえに、19 世紀半ばに世界に広がると同時に産業革命の波に乗り、標準化された均一的な味わいと食感を持つチーズが工場で大規模生産されるようになりました。これらのほとんどは、ビニールに真空パックされた直方体のブロックタイプ＊であり、どんなにオリジナルのサマセットのチェダーチーズとはかけ離れたものであっても、「チェダー」という名で世界のチーズ市場に広く流通しました。いつしか、「チェダー」は利便性の良い硬いチーズのイメージを持つようになり、さらには、日本のようにプロセスチーズが発達している国々では、プロセスチーズの原料チーズの代名詞ともなっています。価格の面で到底対抗できなくなった、農家製のオリジナルのチェダーはこのような流れの中、利便性と効率性だけが求められた時代に、市場から消えていきました。しかし、20 世紀終盤から 21 世紀に入る頃になると、イギリスやアメリカでは、それぞれの国々で農家製、いわゆる本当の意味でのオリジナルスタイルの農家製アルチザンタイプのクロスバウンド（布巻き）チェダーを復興させる流れが起こり、本国であるイギリスでは原産地であるサマセットだけでなく、ウェールズやスコットランドなどでも、農家の味わい（シングルファーム）を表現する、つまり、その土地でし

Image courtesy of Quicke's
©Matt Austin

か生み出す事ができない味わいの、農家製クロスバウンドチェダーチーズを生産する農家が少しずつ復活、または誕生しています。次の章では、その中から、ここ数年で日本へ輸出されたことのある農家製クロスバウンドチェダーのメーカー３社をご紹介します。

＊布巻きではなく、チーズをビニールで直方体の真空パックで熟成させるものであり、英語圏では通称ブロックチェダーと呼ばれます。日本では、「外皮がない」という意味からリンドレスチェダーとも呼ばれています。

本書でご紹介するイギリスアルチザン / 農家製のチーズの分類

イギリス伝統のテリトリアルチーズ

チェダーに代表され、中世あたりから徐々にイギリス国内各地でそれぞれに発達した伝統的なチーズ。チーズ名には原産地域名が含まれていることが多い。第二次世界大戦でそのほとんどが消滅したが、80 年代頃から伝統的な農家製のものが復興しはじめ、現在は、本来の原産地で生産される農家製やアルチザンのものと、同じチーズ名を持つ工場大量生産スタイルのものが市場に共存している。

クランブリーチーズ

テリトリアルチーズの中でも「クランブリー系」と呼ばれるものは、イングランド中部以北で発達した独特の生産技術により、チーズのボディがホロホロと崩れやすく、もろい（英語で crumbly は「もろい」という意味）。ヨーグルトを思わせるような酸味があるのが特徴。スティルトンも広義では「クランブリー系」であり、青カビが繁殖していないホワイトスティルトンは、ホロホロとした食感でヨーグルトのような酸味がある。

モダンチーズ

農家製チーズの復興期と言われる 1980 年代頃から、フランスをはじめとするヨーロッパ大陸のチーズスタイルの影響を受けながら、イギリスで新たに生産されるようになったチーズ。スタイルはフランス、スペイン、イタリアなどの伝統チーズと似ているものが多いが、イギリスの自然環境や各チーズメーカーのこだわりにより、イギリスのテロワール（地方の味）を表現するものが多い。

テリトリアル（伝統的なもの）	クランブリー	ランカシャー ブルー / ホワイトスティルトン （スティッチェルトン） シングル グロスター チェシャー ケアフィリー
	チェダー系	モンゴメリー チェダー クイックス クロスバウンド ピッチフォーク チェダー
	ハード系	レッドレスター ダブル グロスター
モダンチーズ	酸凝固主体ソフト 山羊乳チーズ	ドーストン ラグストーン シノダン ヒル ブライトウェル アッシュ
	ソフト・セミソフト 外皮ウォッシュ	スティンキング ビショップ ロールライト エヴェンロード オグルシールド
	白カビ（酵母）熟成ソフト	タンワース バロン バイゴッド セント ジュード
	ソフト青カビ	ボウヴェイル
	ウェストカントリー外で生産されるチェダーを含むその他のハード系	アイル・オブ・マル・チェダー クイックス山羊乳クロスバウンド

チーズの作り手と農家のこだわり

外皮に近い部分に見える
自然の青カビ（通称ブ
ルーイングと呼ばれる）

生産代表者
ジェイミー・モンゴメリー
(Jamie Montgomery)

メーカー
モンゴメリー・チーズ

生産地
サマセット

代表チーズ
モンゴメリー　チェダー

チーズタイプ
農家製アルチザン伝統
/ チェダー

原料乳
無殺菌牛乳（ホルスタイン、
フリージアン他）

チェダー村から約 40km 南に位置するサマセット州ノースカドベリーで農業を営むモンゴメリー家。ここで生産される "モンゴメリー　チェダー" は、世界の数あるチェダーの中で最も良く知られた農家製チェダーといっても過言ではありません。

現在の生産代表者である、ジェイミー・モンゴメリー氏の祖父にあたるサー・アーチボルド・ラングマンが、1911 年にこの地の農家を買い取ったのがモンゴメリー・チーズの始まりです。サマセットらしく、当初よりこの地では伝統的にチーズが作られており、モンゴメリー家はその伝統を引き継ぎ、守りぬいただけでなく、さらに発展させ、現在に至っています。戦中、戦後の厳しい社会環境の中で衰退の一途をたどった伝統的な農家製チェダー生産ですが、モンゴメリー家は三世代に渡り、チーズの味わい、食感をはじめとする質の向上を最優先に、クロスバウンド（布巻き）のチェダーを作り続けてきました。ジェイミー・モンゴメリー氏が母親からチーズ作りを引き継いだ頃は、ちょうどイギリスの農家製チーズの復興期にあたり、上質な農家製チーズに対する需要の高まりの中で、モンゴメリー氏はチーズの質そのものにこだわり続け、今では農家製クロスバウンド　チェダーの代表格ともいえる存在となりました。

モンゴメリー チェダーの特徴は、一般的に、他のクロスバウンド チェダーよりも固めの食感と、ブイヨンを思わせるような重厚な旨みです。外皮に近い部分のボディに小さな隙間があり、そこに自然の青カビが繁殖していることが多く、この部分はさらに心地よい複雑味があります。

しかし、モンゴメリー チェダーと一言でいっても、生産される季節ごと、さらには個体ごとにさえ、味わいや食感に微妙なニュアンスの違いがあり、それこそがチーズ作りの醍醐味であると氏自身も語ります。特にチェダーチーズのような長期熟成・大型ハードタイプの無殺菌乳から作られるチーズの場合、乳牛が飼育される土壌の質やチーズの熟成環境といった生産過程のあらゆる要素の違いがその味わいと食感に反映されやすいのです。そのためモンゴメリー氏は、原料乳とチーズの生産過程のすべての面に配慮した熱心な取組みを続けています。雨が多く肥沃な土壌に生息する牧草、この土地の水質、牛の泌乳のタイミング、牛種、乳の発酵スターターの違い、そしてもちろん生産方法や生産過程、熟成環境など、何がどのように作用してモンゴメリー チェダーの特徴を生み出すのか。これらの関連性は、まだすべて解明できているものではないというのがモンゴメリー氏のスタンスです。そうであればこそ、モンゴメリー氏の農家製クロスバウンド チェダー探究の旅は今なお続いているのです。

モンゴメリー・チーズでは、イギリス版ラクレットスタイルチーズ、"オグルシールド"も生産しています。オグルシールドは、脂肪分の高いジャージー牛のミルクから作られるセミハードで表皮ウォッシュタイプのチーズです。加熱するとトロリと溶け、とても濃厚な味わいを楽しむことが出来ます。

モンゴメリー チェダーカット表面

チーズ専門店でのモンゴメリー
チェダーのディスプレイ

ジャージー種のミルクから
作られるオグルシールド

生産代表者
メアリー・クイック (Mary Quicke)

メーカー
クイックス

生産地
デヴォンシャー

代表チーズ
クロスバウンド チェダー

チーズタイプ
農家製アルチザン伝統
/ チェダー

原料乳
殺菌牛乳（スウェーデンレッド、
フリージアン、モンベリアード他）

16 世紀のヘンリー８世による修道院接収後、デヴォンシャー東部、現在のエクセター市の北に位置するニュートン・セント・サイレズ一帯の土地が払い下げられました。これがクイック農家の始まりです。以来、約 500 年弱もの間、代々家族によって引き継がれ、現在のオーナーであるメアリー・クイック氏は 14 代目にあたります。土壌や自然、野生の草、そして家畜を愛し、酪農をはじめとする農業そのものを心の底から楽しむ、とてもエネルギッシュな女性です。それ自体が永遠に生き続けるかのような農業を営むことを哲学とし、美しいチーズ作りに情熱を注いでいます。イギリスの伝統的なクロスバウンド（布巻き熟成）チェダーをメインに、近年はその安定した生産技術を応用し、山羊乳製や混乳製（牛乳と山羊乳）といった、新しいタイプのクロスバウンド チーズも生み出しています。

クイック家が目標にしている乳牛の放牧期間は、バレンタイン（2 月 14 日）からクリスマスイブ (12 月 24 日) までの 305 日間です。各年の季節の微妙な違いで多少は前後しますが、牛たちができるだけ外を歩き、自然の草を食(は)みながら暮らすことで、チーズの味わいに草やハーブのニュアンスがしっかりと表れます。また、牛が牧草を食むこと自体が草の生育を促進し、自然のサイクルもうまく回ります。このような持続可能な農業を営み

山羊乳製クロスバウンド チーズ

ながら、チーズの風味のさらなる向上も常に目指しています。フリージアン、ジャージーといった牛の種類によって乳の成分構成は異なり、チーズの風味にも影響します。また、牛種の交配、土壌、草の生育状況と原料乳の質の関係にもこだわります。さらには乳の発酵を促す乳酸菌スターターのタイプや熟成環境が、発酵や熟成を司る微生物に与える影響にも目を配ります。テロワール（その土地ならではの味わい）の探求はこうして続くのです。

クイック家のチーズは、すべてクロスバウンドタイプです。クイック氏がチーズの風味の大切な要素の一つであると力説する外側の布の表面部分を、彼女は「モールド ガーデン（微生物が育つ庭）」と表現します。熟成庫内の環境微生物が布の外皮に繁殖し、それらが出す酵素がチーズのタンパク質や脂肪分を徐々に分解していくことで、チーズはより一層複雑で深みのある味わいになります。クイック家のチーズの外皮部分はワサビやマスタードを思わせる自然で優しい特有のスパイス感があり、ボディには豊かな牧草のグリーンなニュアンスがあります。

クイック家のクロスバウンド チェダー

専門のグレーダーたちは、月に一度、熟成中のチーズを検証し、個体それぞれに最適な熟成期間を決定します。豊富な経験に基づき、それぞれがどのくらいの熟成度合いで味わいのピークを迎えるか、また熟成し続けると、どのような味わいになるのかを予測し、約 3 ヶ月熟成の “Buttery”、約 12 ～ 15 ヶ月熟成の “Mature”、約 24 ヶ月熟成の “Vintage” というようにラベル分けしていきます。クイック家のチーズは、オーストラリア、アメリカ、ヨーロッパ大陸、そして今では日本へも輸出されています。

クイック家が作るクロスバウンド チーズは種類も多数

生産代表者
ブレンダン・リード (Brendan Reade)

メーカー
アイル・オブ・マル・チーズ

生産地
マル島（スコットランド）

代表チーズ
アイル・オブ・マル・チェダー

チーズタイプ
農家製アルチザンモダン
/ハード（チェダー系）

原料乳
無殺菌牛乳（フリージアン、ノルウェージアンレッド、スウェーデンレッド）

アイル・オブ・マル・チーズは、スコットランドの西海岸、ヘブリディーズ諸島のマル島でリード家が経営するチーズ生産農家です。主要生産チーズは、アイル・オブ・マル・チェダー (Isle of Mull Cheddar)。しかし、リード家の人々は、「マル島で生産しているから、厳密に言えばチェダーではないのよ。でも、結局はチェダースタイルだし、どんなチーズなのかすぐに分かるよう、便宜上、アイル・オブ・マル・チェダーと呼ぶことにしているの」と語ります。その声の裏には、「チェダーはサマセット周辺のものであり、自分たちのチーズはマル島産である」という自負の念、そしてチェダーに対する敬意さえも感じます。

故ジェフ・リード氏と妻のクリス・リード氏は、持続可能な農業を営み、未来へつながる生活を創造することを夢に抱き、1979 年から約 2 年の歳月をかけ、子息 4 人を連れてイングランド南西部のサマセットからマル島へ入植しました。廃墟と化していたマル島のスキブルア (Sgriob-Ruadh) 農地を買い取る機会に恵まれたことで、人生の夢をこの地にかけるべく、サマセットで営んでいた酪農業をスコットランドのマル島へ移します。当時のマル島では新鮮な飲用乳が生産されていなかったため、まずは飲用乳生産農家として事業をスタートさせます。しかし、サマセットで飲用乳の価格下落を酪農家として体験していたこともあり、すぐにチーズ作りにも着手。2000年頃には、チーズの需要が飲用乳の需要を上回るようになったことから、事業の軸足をチーズ作りに完全に移します。チーズ作りのための原料乳を増やすために飲用乳の生産を停止したのをきっかけに、すべて無殺菌乳製のチーズとなりました。

25 kg チーズ

小さな島であればこそ、牛舎の屋根の設置、住居となる農家の建物のリフォーム、そしてチーズ生産設備の拡大など、自分たちでできることは可能な限り自分たちの手でやらざるを得ず、結果的に、それがリード夫妻の夢であった持続可能な農業の実現へとつながりました。自家風力発電やチーズ生産過程での熱エネルギーの循環システムの構築などをはじめ、生活や事業に必要なものはできる限り自給自足し、常に将来へ向けて何かしら改善していくのがリード家の信念。その一貫した信念により、小さな島の廃墟も同然だった農地で創業した家族経営のチーズ生産農家は、イギリス全土の農家製チーズ復興の波にも乗り、わずか10頭だった乳牛は、今では135頭になり（2021年6月現在）、チーズはイギリス国外へも輸出されるようになりました。

チーズ生産事業の成長に伴い、派生的に生まれたカフェ事業や、ビスケットの生産販売事業、観光宿泊施設の運営などもすべて家族で経営しています。もちろん、そこでは地元の雇用も生み出し、一つの地域経済が成り立っています。地元のウィスキー蒸留所のドラフ（麦芽の絞り粕）がアイル・オブ・マル・チーズの乳牛たちの飼料の一部となっているのは有名な話ですが、これも、本来、すべてのものを無駄なく有効活用するためのものであり、放牧できる期間も限られる厳しい自然環境の中で、常に将来へ向けた改善を目指しながら酪農業を営むリード家にとっては当然の成り行きなのでしょう。

2021年現在、未来へ向けた次のステップとしてチーズ生産の副産物であるホエーを有効活用する事業を進めています。チーズ生産の副産物であるホエーには、糖分やタンパク質など多くの栄養分が含まれています。この栄養分をベースにジンをはじめとする蒸留酒の生産販売を目指しているとのこと。ただし、リード家にとってそれは、あくまで事業の主軸である質の高いチーズの生産を未来につなぐ、より持続可能な農業にするための改善手段の一つなのです。

クリス・リード氏

生産代表者
ロビン・スケイルズ（Robin Skailes）

メーカー
クロップウェル・ビショップ・クレマリー

生産地
ノッティンガムシャー

代表チーズ
クロップウェル ビショップ
ブルースティルトン
ホワイトスティルトン

チーズタイプ
アルチザン伝統 / 青カビ

原料乳
殺菌牛乳（ホルスタイン、フリージアン）

18 世紀、産業革命下のイギリスでは国の南北を結ぶ道路が整備されました。チーズは商取引の対象となり、18 世紀半ばには、北部の「スティルトン村のチーズ」が上質なチーズとしてロンドンで知られるようになります。これが、いわゆる“スティルトンチーズ”のはじまりとされています。しかし、当時の様々な文書に記されている「スティルトン村のチーズ」の様相に一貫性はなく、現在知られているところのスティルトンともかけ離れていることから、現在のスティルトンチーズのスタイルがいつ、どこで、どのように誕生、確立したのかは、実ははっきりとは分からないままとなっています。ただ、これらの文書に残されている史実から、18 世紀にはスティルトン村の周辺で上質なチーズが生産されていたのは明らかであり、時の経過とともに、社会環境に適応しながら、チーズが発展、発達し、現在のスティルトンチーズのスタイルが確立したというのがイギリスでの定説となっています。

日本では世界三大ブルーチーズの一つにあげられるほど、世界にそのブランド力を誇るブルースティルトンですが、現在、実際に生産しているのは 5 社のみです。なかでも、スケイルズ家による家族経営のクロップウェル・ビショップ・クレマリーは、スティルト

シーリングプロセス

専用の包装紙で包まれる
ブルースティルトン

ンチーズの保護や世界のチーズ市場での地位の確立に大きく貢献しています。イギリスが繁栄を極めたヴィクトリア時代、ロンドンを拠点にチーズ商として事業を始めたスケイルズ家は、その後、激動するイギリスの社会環境に対応しながら、事業拠点と事業内容の統廃合を進めてきました。1980年代にはスティルトンチーズの原産地とされる地域に拠点を集中させ、チーズメーカーとしてスティルトンの生産に集中するようになりました。1996年にEUの原産地名称保護認証を取得したことで、"スティルトン"という名のチーズには生産仕様規制があります。それによりチーズの品質を維持することができるだけでなく、イギリスが誇るべき伝統を守り、スティルトンという一つの文化遺産を次の世代へとしっかりとつなげていくことができるというのがスケイルズ家のスティルトン生産における信念です。

その一方で近年、新しいスタイルのブルーチーズ、"ボウヴェイル"を開発しました。それまでイギリスではクリーミーで穏やかなブルーチーズがあまり生産されていなかったことに着目し、開発に乗り出したのです。生産責任者の一人であるロビン・スケイルズ氏を中心に、約6年に渡り試行錯誤を繰り返した結果、ボウヴェイルは、ようやくスケイルズ氏が目指すチーズになりました。すでに存在しているチーズの模倣ではなく、原料乳と向き合い、乳の可能性を最大限に引き出し、失敗から学びながら新しいチーズを生み出すことがチーズ生産の醍醐味であるとスケイルズ氏は語ります。クリーミーで、穏やかなブルーチーズの味わいの中にフルーティー感を伴うリッチなボウヴェイルは、クロップウェル・ビショップ・クレマリーのみが生産できる、唯一無二のチーズ。ブルーチーズが苦手な方もきっと美味しく楽しむことができるチーズです。

ボウヴェイル

生産代表者
ビリー・ケヴァン(Billy Kevan)

メーカー
コルストン・バセット・デアリー

生産地
ノッティンガムシャー

代表チーズ
コルストン・バセット・スティルトン、
シュロップシャー ブルー

チーズタイプ
アルチザン（協同組合）伝統
/ 青カビ

原料乳
殺菌牛乳
（ホルスタイン、フリージアン）

"Quintessentially English - 真の意味でのイギリス"という言葉で表現される"ブルースティルトン"。イギリス伝統チーズの代表であるチェダーが世界に広まったのに対し、スティルトンの生産はイギリス、厳密には中部地方の三つの州に限定されています。現存する五つのブルースティルトンのメーカーの中でも"コルストン・バセット・デアリー"は、一貫した品質に徹底的にこだわるメーカーとして知られています。1913 年にコルストン・バセット村とその周辺の酪農家との協同組合として設立され、今でもその経営体制を継続しています。チーズ工房から半径約 2.5km 以内の 4 つの酪農家が原料乳を生産し、チーズの生産販売から得られた利益は、原料乳の生産酪農家を含めた組合員へ分配されます。

現在の経営責任者であり、"コルストン・バセット・スティルトン"の生産責任者でもあるビリー・ケヴァン氏がこだわるブルースティルトンとは、常温のチーズにナイフを入れると、バターのようにパンやクラッカーに塗ることができるほどにボディがスムーズで、青カビチーズ特有のスパイス感と塩味が穏やかで強すぎないものです。ケヴァン氏が率いる生産チームは、イギリスを代表するチーズの生産者として、常に一貫してこの品質を守っていくことをとても大切にしています。乳の発酵を促すスターターや、凝乳酵素のレンネッ

熟成中のチーズの状態の確認作業

ト、チーズの生産過程での各ステップの徹底した状態管理だけでなく、数ヶ月に渡る自社熟成庫での熟成管理も、そこに宿る微生物群にまで気を配ります。チーズの状態管理は、生産ロットごとではなく個体ごとに、生産チームが一丸となって管理していくつもりで日々の生産を行っているとケヴァン氏は語ります。結果としてそれは、ブルースティルトンの人気が世界的に高まる傾向のなかでも、増産が非常に難しいということを意味します。しかし、一貫した品質を守るからこそ、ブルースティルトンの中でも「コルストン・バセットのブルースティルトン」でしか生み出すことができない食感と風味を作り出すことが出来、市場で定着することが可能になるのです。そして、それを最優先にすることで、世界のチーズの中でその存在感を守ることができているのかもしれません。こうしてコルストン・バセット・スティルトンは世界のチーズ愛好家が求めるチーズとなり、今では日本のチーズ愛好家の中でも知る人ぞ知るチーズとなりました。

コルストン・バセット・デアリーでは、ブルースティルトンと同じスタイルのチーズに植物性の天然色素であるアナトーを添加した、鮮やかなオレンジ色の"シュロップシャー ブルー"も生産しています。その味わいや食感はブルースティルトンにとても似てはいますが、アナトーがもたらす味わいや保存性の高さがあり、さらに、熟成のさせ方やその他の生産過程での微妙な違いにより、スティルトンよりも穏やかな味わいに仕上がるようにしているとケヴァン氏は語ります。

コルストン・バセット・スティルトンと
シュロップシャー ブルー

外皮の状態と青カビの入り方を見せる
スティルトン ディスプレイ

生産代表者
ジョー・シュナイダー
（Joe Schneider）

メーカー
スティッチェルトン・デアリー

生産地
ノッティンガムシャー

代表チーズ
スティッチェルトン

チーズタイプ
農家製アルチザン / 青カビ
（スティルトンスタイル）

原料乳
無殺菌牛乳（ホルスタイン）

1989 年、農家製アルチザンチーズ復興期といわれる時代に、イギリスを代表する伝統チーズの一つが市場から姿を消しました。チーズ業界の一部で無殺菌乳製ブルーチーズに対する懐疑的な風潮が強くなっていた時代です。伝統を守りながら無殺菌乳製ブルースティルトンを生産し続けていた最後のメーカーが、その生産を停止し、原料乳を殺菌するスタイルに切り換えたのです。

アルチザン、特に農家製チーズの復興を率先し、ニールズ・ヤード・デアリーの創業オーナーでもあったランドルフ・ホジソン氏は、このメーカーに対し、無殺菌乳で生産し続けるよう再三働きかけました。しかし、1996 年にスティルトンは殺菌乳製チーズとして EU の原産地名称保護の認証を取得したため、無殺菌乳で作られるチーズは、“スティルトン”というチーズ名を冠することができなくなってしまいました。結局、ホジソン氏は、イギリスが誇るべき「伝統的なスティルトン スタイルのチーズ」の存命をかけ、自ら新たなチーズ工房を立ち上げました。アメリカからイギリスへ移住し、無殺菌乳のチーズ作りにこだわっていたジョー・シュナイダー氏を生産者に迎え、スティルトンの指定生産地であるノッティンガムシャーとダービシャーにまたがる広大な私有地、ウェルベック エステート内の酪農家と強力なパートナーシップを結んだ三者共同事業として、2006 年にスティッ

ブルーの入りはやや穏やかで外皮の状態はロットによって様々

メルトン・モーブレーのアルチザンチーズ フェアにて

クリスマスシーズンのチーズ専門店でスティチェルトンを求める人たち

チェルトン・デアリーが誕生しました。生産するチーズはただ一つ、無殺菌乳製スティルトン スタイルのチーズである"スティッチェルトン"のみ。このスティッチェルトンというチーズ名は、スティルトン (Stilton) 村の 12 世紀の古英語の綴り、Stichelton に由来しています。

創業当時は、スティルトンの生産者からも多くのアドバイスを受けたとシュナイダー氏は語ります。アメリカ人でありながら、イギリスの文化遺産ともいえるスティルトンの伝統を復活させ、今ではその価値と意義をチーズの味わいを通して語っています。それは、チーズとは本来生きものであり、生産地の風土、農業のあり方と私たちの「食」をダイレクトにつなぐ存在であるということ。そして、無殺菌乳製だからこそ、原料乳にはその土地特有の環境微生物が豊富に含まれ、この環境微生物たちが時間をかけて織りなす、幾重にも重なる複雑な味わいをうまく管理していくことがチーズ作りにおける大切な要素なのです。季節、土地の状態、牧草、飼料、乳牛の状態、原料乳の扱い方などのすべてが最終的なチーズの出来に反映されます。もちろん、熟成環境と青カビの繁殖スピードの管理も大切な要素です。

酪農家、チーズ生産者、そして熟成士とチーズ商の強力なパートナーシップにより再生したイギリスの文化遺産であり、真の意味で昔ながらのイギリスの伝統を引き継ぐスティッチェルトン。夏から初秋にかけて生産されたものは、クリーミーな食感で甘く香ばしいビスケットを思わせる風味の中に青カビの穏やかなスパイス感があります。晩秋から冬にかけて生産されたものは、ボディが締まった食感で、旨味や酸味がやや強い傾向にあります。

生産代表者
トッド、モーガン・トレザワン
(Todd & Maugan Trethowan)

メーカー
トレザワン・ブラザーズ

生産地
サマセット

代表チーズ
ゴーウィッド ケアフィリー

チーズタイプ
アルチザン テリトリアル
/ クランブリー

原料乳
無殺菌牛乳
(ホルスタイン、ジャージー)

チェダーチーズ発祥の地、そしてイギリスの乳製品一大生産地であるサマセット州の北側は、ブリストル海峡に面しています。この小さな海峡を越えればウェールズです。そこはかつては、良質の石炭を生産する炭鉱地帯でした。ウェールズ地方を発祥とする、伝統的なチーズ"ケアフィリー"はウェールズの農民たちが自分たちの食料、栄養源として生産していたものです。余剰分がケアフィリーという町の市場で取り引きされていたことからケアフィリーの名が付きました。牛乳製のハードチーズのように見えますが、熟成期間は最長でも3〜4ヶ月と短く、ボディの大部分はしっとりとして、ホロホロと崩れるような軽い食感でさわやかな酸味がある若いチーズです。

片手で掴むのにちょうどよい厚みのケアフィリーは、採炭作業で汚れた手のままでも食べやすく、炭坑夫たちの採炭作業中のエネルギー源として需要が高まり、その生産はやがてブリストル海峡を越え、サマセットにも普及しました。チェダーに比べると、短期間で仕上がるため、すぐに現金化できる資金繰りのためのチーズとして、チェダーの生産者たちがケアフィリーも生産するようになったのです。こうして、ウェールズとサマセットの二つの地域で生産されるようになったケアフィリーですが、他のイギリスの伝統的な

ゴーウィッド ケアフィリー

農家製チーズ同様、世界大戦をきっかけに生産はほぼ消滅しました。しかし、農家製チーズの復興期の 1990 年代初期、チーズの世界に魅了されたトッド・トレザワン氏が、当時、サマセットで唯一伝統的なケアフィリーを生産していたメーカーで修行する機会に恵まれ、その製法を学びました。その後、弟のモーガンと共に西ウェールズのゴーウィッド (Gorwydd) 農家に工房を作り、そこで伝統製法によるケアフィリーを復活させました。トレザワン兄弟のたゆまぬ努力により高い品質を維持されたケアフィリーは、各チーズ商やチーズ生産仲間との交流のなかで"ゴーウィッド ケアフィリー"と名付けられ、高いブランド力を持つようになった今では、アメリカやヨーロッパ大陸へ輸出されるまでになりました。環境微生物の力によって形成される外皮部分の旨味とコクのある熟成感に対し、ボディの中心部分は、シトラスのような酸味とミネラル感を伴うさっぱりとした味わいと、ホロホロとした軽い食感で、この味わいのコントラストが多くの人々を魅了し続けています。

2014 年、トレゾワン兄弟は、より良質な原料乳と事業の拡大のため、サマセットのチェダー村近くへ工房を移設しました。その際、チーズの熟成と外皮形成のために大切な環境微生物もサマセットへ連れて行くべく、それまでウェールズの熟成庫で使用していた古い木製の棚などを洗わずに新しい工房へ持ち込み、設置しました。サマセットでオーガニックの乳を生産している酪農家と契約を結び、質の高い原料乳の特徴を最大限に活かすべく、原料乳への物理的な負荷を最小限に抑え、搾乳したての新鮮な乳をもとに、上質なケアフィリーを生産しています。さらに 2017 年からは伝統的なクロスバウンド チェダー（ピッチフォークチェダー）の生産を開始。そのわずか 2 年後の 2019 年に世界最大規模のチーズコンテストであるワールド・チーズ・アワーズで第 4 位に輝き、イギリスのチーズ業界の人々を驚かせたのはまだ記憶に新しいところです。

トレザワン兄弟

生産代表者
デイビッド、ジョー・クラーク
(David and Jo Clarke)

メーカー
レスターシャー・ハンドメイド・
チーズ

生産地
レスターシャー

代表チーズ
スパークンホー　レッドレスター

チーズタイプ
農家製テリトリアル / ハード

原料乳
無殺菌牛乳
（ホルスタイン 、フリージアン）

イギリスの伝統的なチーズとして広く親しまれている"レッドレスター"。鮮やかなオレンジ色ゆえに、サンドイッチのためのチーズと言われることもあるチーズです。しかし、その名の響きのとおりレスター州で生産され、農家製、無殺菌乳から作られるクロスバウンド（布巻き）スタイルの真の意味での伝統的なレッドレスターは、1950年代半ばからの約半世紀間、完全にその生産が途絶えていました。それを復活させたのが、レスター州の南西部、ウォーリック州との州境に位置する家族経営の農家、スパークンホー・ファームの現オーナーであるクラーク夫妻です。

18世紀半ばから19世紀後半にかけて、スパークンホー・ファームでもレスターチーズは生産されていましたが、1875年にはその生産が停止されたという記録が残っています。これは、大英帝国の繁栄とそれに続く産業革命というイギリスの歴史と連動するかのように繁栄し、そして衰退した幾多の伝統的な農家製テリトリアルチーズと同じ変遷を辿ったことを物語っています。レスター州は、スティルトンの生産地域でもあり、レスターチーズは、スティルトンよりも長期保存が効くチーズとして作られていたとも言われています。戦中の食料配給システムのもとで政府がチーズ生産を中央管理していた時代は、オレ

熟成業者の熟成庫で出荷を待つ
レッドレスター

ンジ色の植物性の着色料の使用は禁止されたものの、ハードチーズであったため、生産そのものは許可されていました。そのため、戦中戦後、生産は続きましたが、レスター州内で生産される農家製のものは、1950年代を最後に一旦、市場から姿を消してしまいました。その後は、工場大量生産、ブロックスタイルのレッドレスターがスーパー等に並ぶようになり、現在もその状況は続いています。大量生産、ブロックスタイルのものであり、生産地はレスター州でなくとも、レッドレスターと名付けられたチーズがスーパーにずらりと並んでいるのは、それだけイギリス国民にとって親しみのあるチーズであることの表れなのでしょう。

2005年、家族経営の農家を引き継いだクラーク夫妻は、農家に残されていた古いレスターチーズ作りの指南書、そして伝統的な農家製クロスバウンドのレッドレスターチーズの味わいを知る地元の人々の味覚の記憶に基づく助言を頼りに、真の意味での伝統的な農家製無殺菌乳、クロスバウンドのレッドレスターを復活させました。農家名を冠し、"スパークンホー　レッドレスター"と名付けられたチーズは、遥か日本へも輸出されるようになりました。繊細ながらも幾重にも重なる複雑味のある味わいが特徴で、6ヶ月ほど熟成したものは歯応えのある口当たりと、わずかな香ばしさを伴うミルクの甘み、ナッツの風味と柑橘を思わせるような瑞々しさがあります。12ヶ月ほど熟成したものはドライな口当たりで凝縮された旨味があり、ナッツのニュアンスが強くなります。このような味わいの複雑味は、農家製であり、丁寧に作られるクロスバウンドのレッドレスターであればこそです。

スパークンホー・ファームでは、2017年より、クラーク夫妻の長男、ウィリアム・クラーク氏がスティルトンスタイルの青カビチーズの生産をスタートし、"スパークンホー　ブルー"というチーズ名で販売しています。

スパークンホー　ブルー

生産代表者
グラハム・カーカム
(Graham Kirkham)

メーカー
ミセス・カーカムズ・ランカシャー

生産地
ランカシャー

代表チーズ
カーカムズ ランカシャー

チーズタイプ
農家製アルチザン /
クロスバウドランカシャー

原料乳
無殺菌牛乳
(ホルスタイン、フリージアン)

英国が誇る伝統的なチーズの一つである"ランカシャーチーズ"。その名の通り、原産地はイングランドの北西部のランカシャー地方です。かつては綿工業が盛んで、18世紀後半に起こった産業革命の中心地の一つとしてあげられる地域です。この地域の東側には、特別自然景観保護地域 (AONB: Areas of Outstanding Natural Beauty) にも指定されている、美しい丘陵地帯フォーレスト・オブ・ボウランドが広がり、伝統的なランカシャーチーズを生産しているメーカーがいくつか存在します。戦前、ランカシャーチーズの生産農家は200以上もありましたが、戦中の政府による乳製品の中央管理の下、ランカシャーチーズの生産は停止されてしまいました。戦後から復興の兆しを見せてはいるものの、現在もランカシャーチーズの作り手の数は、両手の指で数えられるほどです。その中で唯一、完全農家製、無殺菌乳による真の意味での伝統的な農家製ランカシャーチーズを作っているのが、カーカム家です。

この地方でチーズ作りが発達した際、生産農家のほとんどは規模が小さく、1日の搾乳量は大型のチーズを作るには不十分でした。そのため、ゆっくりと時間をかけながら、2～3日分のカード（凝乳）を混ぜ合わせて一つのチーズを作るという製法が定着しました。

カードの移動はすべて手作業

カーカムズ ランカシャー

この製法から、ランカシャーチーズの特徴として広く知られる、穏やかながらも優しく後を引く特有の酸味と、ホロホロと崩れるような食感が生み出されます。さらに、カーカム家では、伝統的な製法に倣（なら）い、各チーズを布で巻き（クロスバウンドスタイル）、その布に溶けたバターを塗って熟成させるため、チーズを口に含んだ瞬間から、穏やかなヨーグルトを思わせる酸味とバターのような風味を伴う優しいミルクの味わいが口いっぱいに広がります。熟成中はチーズの通気性が程よく保たれ、それがカーカム家のランカシャーチーズに特有のフワフワとした繊細な食感と口溶けの良さを作り出します。一見、長期熟成のハードチーズのようにも見えますが、4ヶ月ほどの熟成期間を経た“テイスティー ランカシャー”、最長でも10ヶ月ほどの熟成期間を経たものが、“マチュア ランカシャー”としてチーズ専門店などに並びます。テイスティー ランカシャーは、ボディの水分もやや多めで、熟成感よりも甘いミルクの味わいと穏やかな酸味のあるクリーミーな食感が特徴です。マチュア ランカシャーはボディが少し引き締まり、ホロホロとした食感で、特有のミネラル感や旨味が強くなります。熟成に伴う芳醇な味わいよりも、ミルクそのものの繊細な味わいを楽しむチーズであり、そうであればこそ、カーカム氏は、農家製無殺菌乳のチーズ生産者らしく、チーズだけでなく、自ら生産する原料乳の質も徹底的にこだわるのです。また、そうすることで、カーカム家特有の食感と味わいのチーズを生み出すことができます。

カーカムズ ランカシャーは、優しく繊細なミルクの味わいで、ホロホロと軽い食感でもあるため、一度口にすると、永遠と食べ続けられるような、そんな不思議な味わいのチーズです。

チーズの熟成状態を確認するカーカム氏

生産代表者
チャーリー・ウエストヘッド
（Charlie Westhead）

メーカー
ニールズ・ヤード・クレマリー

生産地
ヘレフォードシャー

代表チーズ
ラグストーン・ドーストン

チーズタイプ
モダンアルチザン / ソフト山羊乳

原料乳
山羊乳（殺菌乳）

イギリスのアルチザンチーズ業界を牽引するチーズ商として存在しているニールズ・ヤード・デアリーは、元々は1979年にロンドンの中心地で乳製品の製造販売店として創業しました。チーズ商としての発展に伴い、当初の主要事業だった乳製品製造は、1990年にロンドン南東に位置するケント州へ、さらに1996年にはウェールズとの境界、イングランド側のヘレフォードシャーにあるドーストンの丘の上に工房を移設し、同時に事業そのものも "ニールズ・ヤード・クレマリー" としてニールズ・ヤード・デアリーから完全に独立しました。

生産責任者であるチャーリー・ウェストヘッド氏は、創業初期段階のニールズ・ヤード・デアリーで、創業者であるランドルフ・ホジソン氏 のもと、チーズ商としての経験を積み、その経験を元にモダンアルチザンチーズの生産者となりました。イギリスのアルチザンチーズ、特に農家製のチーズの復興のための活動をしていたホジソン氏とともに数年に渡り、イギリス全国各地のチーズ生産農家を巡りながらチーズ作りの現場を実際に見て、そしてテイスティングの経験を積んでいきました。やがて、ニールズ・ヤード・デアリーで販売するための乳製品の製造を担当するようになり、ヨーグルトやクリームフレッシュ、そしてフレッシュチーズ（乳から水分を除いて凝固させただけのもの）といった乳製品作りを一手に引き受けるようになったのです。

その後、山羊乳の熟成チーズや牛のミルクの白カビタイプのものも製造するようになり、特に、山羊乳白カビ熟成タイプの"ラグストーン"、さらには植物性の灰をまぶした酵母熟成タイプの"ドーストン"は、その品質がイギリス国内で非常に高く評価され、ニールズ・ヤード・クレマリーの主要生産チーズとなっています。ドーストンは現在の工房があるドーストンの丘、ラグストーンは当チーズが最初に作られた、ケント州のラグストーンの尾根にそれぞれ因んで命名されました。ドーストンは、少量ですが数年前から定期的に日本へも輸出されています。

ドーストン

ラグストーン

カードの扱いはすべてゆっくりと丁寧に手作業で行われる

ウエストヘッド氏の経験と技術に基づく、ゆっくりと時間をかける凝乳法、そしてゆっくりと優しくカードを扱いながら水分を抜いていく特殊な方法により、ドーストンは常に一貫した品質を保っています。キメが細かくフワフワとした食感で、しっかりとしたミルクのコクとともに、さわやかなシトラス系の酸味とミネラル感があります。凛とした気品のある味わいで、日本でも少しずつ人気が出ています。ゆっくりと丁寧に乳を扱うことで、山羊乳製のチーズによくある山羊臭は極力最小限に抑えられています。これはニールズ・ヤード・クレマリーで作られるすべての山羊乳製チーズに共通した特徴です。

山羊乳のフレッシュチーズである"ペローシェ"は、水分が多く、新鮮さがとても大切なチーズです。レモン汁と蜂蜜をちょっと添えるだけでチーズケーキのように味わうことができ、また柚子ジャムとも好相性です。山羊乳チーズに対して苦手意識がある方におすすめしたいチーズです。

生産代表者
チャールズ・マルテル
(Charles Martell)

メーカー
チャールズ・マルテル・アンド・サン

生産地
グロスターシャー

代表チーズ
シングルグロスター
ダブルグロスター

チーズタイプ
農家製アルチザン伝統
/ クランブリー、ハード

原料乳
牛乳（グロスター、フリージアン）

イギリスでチーズが商品として取り引きされるようになり、チーズ生産技術の革新が大きく進んだ18世紀、“グロスターチーズ”もロンドンまで輸送され、商取引の対象となっていました。グロスターチーズには、“ダブルグロスター”と“シングルグロスター”の２種類があります。ダブルグロスターは商取引のために生産された硬質なチーズであり、シングルグロスターは軟質で長距離輸送には向かず、むしろ生産農家や地元の人々の食糧として生産されていました。ダブルグロスターは西インド諸島産のオレンジ色の植物性色素“アナトー”で着色されていることからも、商取引の対象であったことが伺えます。当時のグロスターチーズは、この地方の土着の牛であるグロスター牛の乳を活かし、グロスター州やその近辺の農家で生産されていましたが、イギリスの社会環境の変化に伴い、グロスター州とは関係のない別の地方で大量生産されるようになります。シングルグロスターの生産は完全に消滅してしまい、それとともに、この地方の土着の牛であるグロスター牛も絶滅の危機に陥りました。

自然保護活動家のチャールズ・マルテル氏がグロスター牛の保護活動に取り組み始めた1972年、世界で残っていたグロスター牛は70頭ほどでした。マルテル氏は、グロスター

Image courtesy of Charles Martell & Son Ltd.
シングルグロスター

Image courtesy of Charles Martell & Son Ltd.
ダブルグロスター

強い香りを持つピンクの表皮が特徴のスティンキングビショップ

州でグロスター牛の乳から本来の伝統的な農家製グロスターチーズを復活させることで乳牛としてのグロスター牛を保護し、再繁殖させる事業を始めました。幸い、この取組みがすぐにメディアに取り上げられ、グロスター牛の乳から作られるグロスター州産農家製ダブルグロスターが復活します。この頃、パトリック・ランス氏などによる、農家製チーズの復興活動が始まっていました。マルテル氏はすぐに、生産が消滅していたシングルグロスターも復活させただけでなく、EU の原産地名称保護の認証も取得します。それによりシングルグロスターの生産仕様規制ができ、指定地域内のみで生産可能となっただけでなく、「原料乳の生産農家でグロスター牛を飼っていること」、「シングルグロスターチーズの生産には、極力可能な限りグロスター牛の乳を使うこと」などが条件となりました。結果的に、大手乳業会社がシングルグロスターという名称のチーズを機械的に大量生産することもできなくなり、グロスター牛そのものが絶滅の危機をとりあえずは脱することが出来たのです。マルテル氏がグロスター牛の保護事業をはじめてから約半世紀経った今、グロスター牛の数は 700 頭強になると言われています。また、マルテル氏だけでなく、シングルグロスターチーズの生産農家が数軒存在するまでになりました。

マルテル氏はその後、いくつかの新しいスタイルのチーズを生み出します。なかでもソフトな外皮ウォッシュタイプの“スティンキング ビショップ”は、その刺激的な香りとそれに身合ったチーズ名で有名になりました。地元産のペリー酒（洋梨の発泡酒）で外皮を洗うことで、特有の刺激的な香りが生まれます。チーズ名はその刺激的な香り（英単語の stinking は「刺激的な強い香りがする」という意味）に因んで付けられたのではなく、グロスター州地方土着の、“スティンキング ビショップ”という洋梨の種類名に因んだものです。自然保護活動家として、グロスター州土着の林檎や梨の保護にも熱心なマルテル氏らしいチーズの命名といえます。

生産代表者
ジュリー・チェイニー（Julie Cheyney）

メーカー
セントジュード・チーズ

生産地
サフォーク

代表チーズ
セントジュード

チーズタイプ
農家製モダンアルチザン / ソフト

原料乳
無殺菌牛乳（モンベリアード）

わずか 100g 弱の小さなソフトチーズでありながら、生産地の味（テロワール）を表現する " セントジュード "。生産者のジュリー・チェイニー氏は原料乳の生産農家であるフェン・ファーム・デアリーに間借りしたチーズ工房で、こだわりのチーズを作っています。

チーズ作りを始めたのは 2005 年。当初は、ロンドンの南西に位置するハンプシャー州で他の作り手たちと一緒にチーズを生産していましたが、チーズ作りにおいて自分自身が目指すものを追求するために 2012 年に独立しました。その後、イングランド東部、サフォークのフェン・ファーム・デアリーの乳のことを耳にした彼女は、自分のチーズ作りにとってそれが理想の原料乳であることを確信し、2014 年に自らの工房をフェン・ファーム・デアリー内へ移設したのです。ハンプシャー州で誕生したセントジュードですが、2014 年以降、サフォークの土地を表現する味わいのチーズとなりました。

チェイニー氏は、イギリス国内の栄誉ある業界審査会等で、無殺菌乳のソフトチーズメーカーとして最高賞を二度、受賞しています。彼女のチーズスタイルにとっての理想の原料乳とは、タンパク質の割合が高いモンベリアード種の乳です。これらの乳牛は気候が許すかぎり放牧され、飼料の約 95% は農家の土地で生育されたものです。さらにチェイニー氏は、自然環境はもちろん、動物への負担も最小限に抑えた持続可能な農業であることも重視しています。このような環境で生産される乳だからこそ、その土地特有の風味を潜在的にもち得るのであり、それをしっかりとチーズに反映させていくというのがチェイニー氏のこだわりなのです。

原料乳が潜在的にもつ風味を隠してしまわないよう、発酵のためのスターター添加は極力少量に抑え、ゆっくりと時間をかけて乳を発酵させます。乳を時間をかけてゆっくりと発酵させてつくられるソフトチーズであればこそ、若いものはミルクの風味がしっかりとしていながらも、フレッシュな酸味があり、ムースのような食感を感じることが出来ます。さらに熟成が進むと、酵母の力でタンパク質が分解され、濃厚でコクがあり、滋味深い味わいとなり、食感もクリーミーなカスタードのようになります。春から夏にかけては、複雑な味わいの中に、ハーブや牧草のニュアンスが感じられ、晩秋から冬にかけては、どこか農場そのものを彷彿（ほうふつ）とさせる風味があります。

ミルクの状態を確認しながらゆっくりとレンネットを注ぐ

熟成しているものはクリーム状なのでスプーンがお勧め

土地と動物に対する畏敬の念を抱きながら、原料乳の潜在性を最大限に引き出すスタイルで生み出されるチーズの味わいには、特有の季節感があるだけでなく、熟成の仕方や度合いによって食感や風味も大きく異なります。それこそが、まさにチェイニー氏にとってチーズ作りの醍醐味なのです。

セントジュードの姉妹チーズ“セントセーラ”は、わずか１週間ほど熟成させたセントジュードに塩水ウォッシュをかけて熟成させたものです。塩水ウォッシュをかけることで、ナッツ感を伴う力強い風味となります。

成型直後のフレッシュなセントジュード

生産代表者
ジョニー・クリックモア（Jonny Crickmore）

メーカー
フェン・ファーム・デアリー

生産地
サフォーク、バンゲイ

代表チーズ
バロン バイゴッド

チーズタイプ
農家製モダンアルチザン/ソフト

原料乳
無殺菌牛乳（モンベリアード）

家族経営酪農家の3代目オーナーから、農家製無殺菌乳アルチザンチーズメーカーへ転身したジョニー・クリックモア氏は、イギリスで唯一、農家製無殺菌乳から生産するブリータイプのチーズである“バロン バイゴッド”の生みの親です。イギリスの東側（イーストアングリア地方）、肥沃な地であるサフォークの酪農家の経営責任者として、持続可能な農業をモットーに、斬新なアイディアで乳に最大限の付加価値をつける手段として、2013年にバロン バイゴッドは誕生しました。

酪農家に生まれたものの、クリックモア氏にとって、チーズ作りは未知の世界でした。まずはイギリス国内で上質なチーズを生産するチーズメーカーを訪問して回り、チーズ作りとは何であるかを自らの目で入念に調査した結果、自らの農家で無殺菌の乳からチーズを作ることは理にかなったものであることを確信しました。すでに原料乳を生産する環境は備えており、必要なのは知識と技術です。

どんなスタイルのチーズにするかを考えていた氏は、イギリス、アイルランド産のチーズだけを取り扱っているはずのニールズ・ヤード・デアリーのショップカウンターで、フランス産の“ブリー・ド・モー”が並べられている事実を知ります。それが意味することは、

ほどよく熟成している
バロンバイゴッド

イギリスではブリータイプのチーズの人気は高いものの、まだ、アルチザンスタイルのブリータイプのチーズが国内には存在していないということでした。氏の夢は、「イギリスで、農家製無殺菌乳の最上質のブリータイプのチーズを作り、そのチーズでテロワールを表現すること」になりました。

それ以来、ニールズ・ヤード・デアリーのバイヤーであり技術コンサルタントでもあるブロウエン・パーシヴァル氏（P35）や、イギリス、フランスそれぞれの乳製品コンサルタントの技術支援や助言はもとより、業界多方面からの支援を受けながら、チーズ生産のための搾乳設備とチーズ工房を設計、建設します。さらに、最適な原料乳を生産するために、高タンパク質の乳を出すことで知られるモンベリアード牛をフランスから輸入し、それまでホルスタイン主体だったものを徐々にモンベリアード主体へ転換していきました。こうして乳牛はもちろん、乳そのもの、そして環境への負担も最小限に抑えた、すべてが上質のブリータイプを作るためにデザインされた酪農環境を造りあげました。

乳牛たちは極力放牧され、この土地特有の牧草やハーブを食みながら生活しています。搾乳したて、まだ乳牛の体温を保持している乳から作られるこのソフトなチーズは、サフォーク、バンゲイの土地の味わいを表現する、この地でしか生み出すことができない味わいです。乳牛の生育からチーズ作りまでをトータルで管理することで、クリックモア氏は夢を実現しました。ニールズ・ヤード・デアリーのカウンターには、今ではブリー・ド・モーの代わりにバロン バイゴッドが並び、フランスへも輸出されるようになりました。

また、サフォークといえば、かつてイギリスのチーズ史において上質なバターの生産地でもありました。クリックモア家はサフォークの酪農家として、伝統的な農家製バターの復興に着手します。バロン バイゴッドで得た知名度により、バターは瞬く間にイギリスで知られるようになり、"バンゲイバター"として、シンガポール、そして日本へも輸出されています。

バンゲイバター（生乳発酵バター）

生産代表者
ステイシー・ヘッジス
（Stacey Hedges）

メーカー
ハンプシャー・チーズ・カンパニー

生産地
ハンプシャー

代表チーズ
タンワース、ウィンスレイド

チーズタイプ
モダンアルチザン / ソフト

原料乳
殺菌牛乳（モンベリアード、
スウェーデンレッド、ホルスタイン）

ヨーロッパ大陸の影響を受けながら、イギリス国内で新たなスタイルのモダンアルチザンチーズが誕生していた2000年代初期、地方のある家庭のキッチンで、一人の女性が「チーズを作ることを生業としたい！」という強い思いを育んだことで生まれたチーズがあります。生産地近くの村落名に因んで“タンワース”と名付けられたこのチーズは、現在、イギリス全国で販売されているだけでなく、日本へも輸出されるまでになりました。

ハンプシャー・チーズ・カンパニーの創業者であるステイシー・ヘッジス氏は、二十代半ばに、オーストラリアのシドニーからシェフとしての経験を積むべく渡英しました。ロンドンでシェフとして勤務し、その後、結婚、三人の子どもの出産と子育ての傍ら、食への探究心から、いつしかチーズ作りを生業とすることに熱意を抱くようになります。末子の就学と同時にチーズ作りについて一から学び、自宅のキッチンでチーズ作りをスタート。幸運にも地元で乳製品製造コンサルタントとの出会いに恵まれ、チーズの製造方法の基礎について学ぶことができただけでなく、結果的にそれが自らのチーズ工房創設へのきっかけともなりました。ロンドンのメジャーなチーズ商を訪ねてまわり、アルチザンチーズの市場を調査した上で、上質で芳醇な味わいのソフトなチーズ、いわゆるカマンベールスタイルのチーズを自らの手で開発することを決意します。

「当時のイギリスには、柔らかくてクリーミーなボディで、力強い味わいの、カマンベールみたいなチーズはなかったのよ。白カビチーズというものは存在していたけれども、どこか淡白な味わいで分厚い白カビの皮だけが目立つものばかりだった。だからこそ、上質なカマンベールスタイルのチーズを作りたいと思ったのよ」と語るヘッジス氏。試行錯誤を繰り返しながら 2005 年にハンプシャー・チーズ・カンパニーを創業し、自宅のキッチンで始めたチーズ作りを本格的に事業化しました。チーズ作りについての知識はほとんどなかったものの、シェフとしての経験から風味や味わいには強いこだわりがあり、目指したのは、「白カビベースの薄い外皮は、完熟状態になると皺とオレンジの色味ができ、力強い香りを放つ。ボディは柔らかく濃厚なクリーム状で、バター感を伴う深味のある芳醇な味わい」のチーズです。このようなチーズを一貫して生産すべく、原料乳の契約生産農家とも密接に連携し、原料乳の質、乳の成分構成も考慮し、牛種の交配にまで気を配ります。脂肪分を抜かず必ず全乳で作るからこそできる食感と味わいがあるとヘッジス氏は強調します。創業から 1 年後の 2006 年、ブリティッシュ・チーズ・アワーズでチャンピオンの座に輝き、事業は軌道に乗りました。素晴らしいビジネスパートナー、優秀な製造スタッフにも恵まれ、" ウィンスレイド " と名付けられた姉妹チーズの商品開発にも成功し、イギリス国内の高級チェーンスーパーでも販売されるまでになりました。

タンワース

作り手の知識と技術を施すことで、白い液体が全く違う素晴らしい香りの食べ物になる。そして時間の経過とともに味わいと食感が変化していく。信じがたく奇跡にも近い、これこそがヘッジス氏が惹きつけられたチーズ作りの魅力です。ビジネスマインドも兼ね備えていたことで事業は成長し続け、現在に至ります。子育ての節目、ちょうど 40 歳を過ぎた頃に自宅のキッチンで始めたことが、これほどまでに成長したことをとても誇りに思っていると語る彼女の言葉からは、どこか「四十にして惑わず」という東洋の格言さえも聞こえてくるようです。

ウィンスレイド

生産代表者
デイビッド・ジェウェット
(David Jowett)

メーカー
キング・ストーン・デアリー

生産地
グロスターシャー

代表チーズ
ロールライト、エヴェンロード

チーズタイプ
モダンアルチザン / ソフト

原料乳
殺菌牛乳（ホルスタイン、
デアリーショートホーン）

2010年代半ば、イギリスアルチザンチーズ業界に彗星のごとく現れた、“ロールライト”。牛のミルクから作られるソフトな表皮ウォッシュタイプのこのチーズは、側面に巻かれたトウヒの樹の皮で形状がしっかりと保持されるだけでなく、全体に微かな松のような風味が漂います。世界に名だたるフランスの名チーズ“モンドール”を思わせるようなチーズで、生みの親であるデイビッド・ジェウェット氏自身、モンドールに発想を得て作り出したと言います。しかし、モンドールをそのまま模倣しているわけではありません。試行錯誤により生産地の自然環境を表現する個性を持つに至ったこのチーズは、今なお進化し続けています。

ジェウェット氏は、食そのものに対する持ち前の強い好奇心から、いつしかチーズ作りの道を歩むことになったと語ります。アルチザン食品製造専門学校にてチーズ製造について専門的に学び、イギリス国内の複数のアルチザンチーズメーカーやチーズ商、そしてアメリカでも経験を積み、2015年にチーズメーカーとして独立。コッツウォルズ地方の北東、リトルロールライト村のはずれのキング・ストーン・ファームとパートナーシップを結び、キングストーン・デアリーを創業しました。当時、まだイギリス国内ではソフトフォッシュタイプのチーズの生産量が少なかったこともあり、ロールライトという名を冠した同スタイルのチーズの生産をスタートしました。当時、まだ25歳でしたが瞬く間に国内で高評価を受け、2016年にはイギリス国内のチーズコンテストでトップの座に輝きます。チーズの質はもちろん、若い作り手であることも話題となり、地元の専門店だけでなくロンドン市内の名店のカウンターにはどこもロールライトが並ぶようになりました。当初はまだトウヒの樹は巻かれておらず、ナッツの風味を持つ外皮に覆われ、ソフトで濃厚なカスタードの食感とバターのようなミルク感たっぷりのチーズでした。ジェウェット氏が常にチーズの質の向上を目指すなかで、時間も手間もかかるものの、フランスのモンドールのように側面は樹皮で巻かれるようになり、現在のロールライトのスタイルへと進化しました。

熟成中のロールライト

開発中のチーズをグレーディング中のジェウェット氏

　ジェウェット氏は、今後生産量を増やし、この地域で本来の伝統的なスタイルのチーズの復興にも挑戦していけるよう、2019年の終わりにグロスター州チェドワース村にあるマナーファームの敷地へ工房を移転、拡大しました。酪農家のマナーファームと原料乳の契約を結び、酪農家とチーズメーカーの共同による農家製チーズを生産することとなりました。

　2020年2月末にここを訪ねた際、ジェウェット氏は、かつてこの地域の農家で生産されていた“グロスターチーズ”も作っていきたいと語っていましたが、奇しくも、そのわずか2週間後にコロナウィルス パンデミックが世界を襲いました。ジェウェット氏は生産するチーズのスタイルの変更を余儀なくされ、現在は、ソフトウォッシュスタイルのため保存期間の短いロールライトの他に、保存が効くセミハードスタイルのチーズも手がけるようになりました。持ち前の知識、経験、そして何よりも職人技を活かしながら、この地域での伝統的なチーズを復興させていく道も歩みはじめています。イギリスでモダンチーズの作り手として知られるジェウェット氏の手から、今後どのようなイギリスの伝統的なチーズが復活するのか、とても楽しみです。

生産代表者
フレイザー・ノートン
レイチェル・ヤロー
（Fraser Norton & Rachel Yarrow）

メーカー
ノートン・アンド・ヤロー・チーズ

生産地
オックスフォードシャー

代表チーズ
シノダンヒル
ブライトウェルアッシュ

チーズタイプ
農家製モダンアルチザン / ソフト

原料乳
無殺菌山羊乳（アングロ ヌビアン）

テクノロジー会社のプロジェクトマネージャーだったフレイザーと、英語教員だったレイチェル。この一組の夫婦がそろって人生を大きく転換させたことで、2016 年の春、上質な無殺菌の山羊乳チーズが生まれました。生産地近くの丘の名を取り、“シノダン ヒル”と名付けられたピラミッド形の真っ白な山羊乳チーズは、イギリスのアルチザンチーズ業界で瞬く間に知られるようになり、2017 年には国内コンテストで数々の賞を受賞しました。

親類に農業を営む人々がいたとはいえ、ふたりにとってチーズ作り、まして山羊を飼うことなど未知の世界でした。動物好きなレイチェルが、シチリア島でのフレーザーとのバケーション中に山羊乳チーズを作っている女性の人生について書かれた雑誌記事に遭遇したことがきっかけとなり、人生を方向転換します。酪農、山羊、そしてチーズ作りについて一から学び、まずは既存のチーズ生産農家に間借りして、山羊乳チーズの生産をはじめました。その後すぐに、サステイナブル農業を促進している地元の慈善環境団体から農地を借用できることとなり、自分たちの山羊の飼育もスタート。その際、脂肪分の高い乳を出すことで知られるアングロヌビアン種を購入。チーズ作りだけではなく、動物を育て、農業そのものを営むことで原料乳の質を管理することが可能になります。それは大変なことであり、これまでの5年間ほぼ休むことはなかったけれども、夫婦二人そろってやりたかったことだからこそ、できたことだとフレーザーは、はっきりと言います。

イギリスのモダンアルチザンチーズらしく、フランスの伝統的な山羊乳チーズ作りにヒントを得ているとはいえ、使用している凝乳酵素をはじめ、製造方法、山羊の品種まで、夫妻のこだわりから生み出されたシノダン ヒルには、特有の味わいがあります。デリケートで、シトラス系の酸味があるムースのような口当たりですが、やや熟成したものは濃厚なクリーム感を伴い、季節によってはナッツやハーブのような風味も出ます。2018年には山羊の飼育数を増やし、同じ地域内で事業を移転拡大しました。そして2019年春、同じ山羊乳ソフトチーズでありながらも、生産方法と形状、表皮がわずかに違う、"ブライトウェル アッシュ"という名の新しいチーズをリリース。少量ですが、すでに日本へも輸出されています。現在、自分たちが飼っている山羊の乳だけでは市場の需要に追いつかず、近隣の酪農家からも乳を購入しています。ビジネス上、100%農家製のチーズにする方が良いのか、それとも契約酪農家からの購入乳との併用が良いのか、夫婦の試行錯誤はまだまだ続きます。

外皮を形成し始めたシノダン ヒル

2020年秋、レイチェルは二人の幼い子どもたちを育て、山羊を飼育しチーズを作りながら、反芻動物の栄養と農業を専門とする大学修士課程に就学し、酪農とサステイナブル農業、自然環境保護、バイオダイバシティーなどについて学んでいます。チーズ作りと農業、そして長い目でみたサステイナブル農業とは実に複雑で先の長い旅だとフレイザーは言います。今後は、保存が効くセミハードタイプを作ることで、山羊の自然な泌乳サイクルに合わせて、事業そのものをサステイナブルにすることも目標にしているとのことで、二人の手と二人が大切に育てるアングロヌビアンたちから今後どのようなチーズが生み出されるのかとても楽しみです。

外皮を形成中のブライトウェル アッシュ

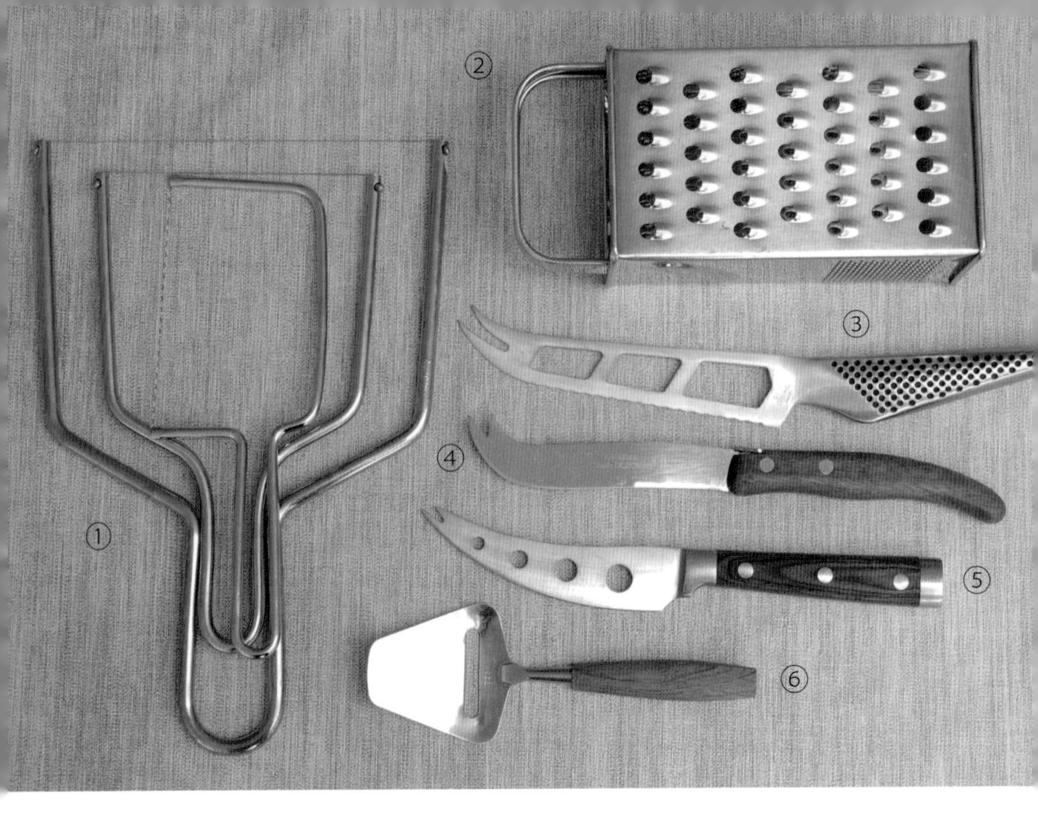

① チーズ リール。
ナイフではカットしづらい、組織がもろい青カビチーズや山羊乳チーズなどのカットに便利。

② 多面式チーズ グレーター。
ハードチーズを料理に応じた粒状に削りおろすためのもの。イギリスではどこの家庭にも、必ず１個はある必須アイテム。根菜、ズッキーニ、リンゴなどにも使える優れモノ。

③ ノコギリ状の刃と大きな窓が特徴。表皮がしっかりあるソフトなチーズ向き（白カビ系）。

④ 一般家庭用万能チーズナイフのひとつ。チーズパーティー向き。

⑤ ブレードに厚みがあり、刃渡りが湾曲していることでハードなチーズをカットしやすい。窓もあるので、ソフトなチーズにも対応できる。

⑥ チーズ スライサー（チーズ プレインと呼ばれることもある）。
ハードチーズを薄くスライス。

イギリスの日常とチーズ

Snack
or
Dessert

Dorstone and Seville Orange Marmalade

ドーストンとセビル オレンジ マーマレード

少し熟成が進み、身が締まり始めたドーストン。しっかりとしたミルクのコクの中に爽やかな酸味と心地良いミネラル感があります。独特の苦味、酸味、甘味がある濃厚な味わいのセビル オレンジ マーマレードを添えると、風味豊かな贅沢なチーズケーキを味わっているかのようです。
セビル オレンジ マーマレードとは、2月の短い期間だけ出回る、スペイン、セビリアのオレンジから作られる特別なマーマレードのこと。イギリスでもとても人気があり、セビル オレンジ マーマレード作りは、晩冬である2月 の風物詩です。
上質なイギリスチーズにちょっと一手間。ほっこり一息、季節のおやつタイムをどうぞ。

ロールライトととても相性の良い
グラナリーパン。贅沢なおやつ。

セントジュードとブラックチェリー。
チェリーに絡ませていただくシンプルな
デザート。

グースベリー（西洋スグリ）は、
イギリス初夏の風物詩。

ドーストンにグーズベリージャムを添えて。

オーツケーキにチェダーとチャツネをのせて。イギリスらしいおやつ。

デーツにスティルトンとクルミをつめたシンプルデザート。

フレッシュ感のある若いセントジュードとルバーブのコンポート。

デザートやジャムの材料として、とてもポピュラーなルバーブ。

ランカシャー フルーツ クランブル

イギリスの伝統的なデザートの代表、「クランブル」。一般家庭でも頻繁に作られるだけでなく、ガストロパブやレストランのデザートメニューの中にも必ずあるクランブルには、実に色々なバージョンがあります。その中でも、りんごベースはクランブルの基本中の基本。オーブン加熱すると、フワフワとスフレのようになる「カーカムズ ランカシャーチーズ」をクランブルの生地に混ぜてみると、ザクザクとしたクランブルの中にフワフワとした優しい口当たりが加わります。フルーツ感、甘味、バター風味に塩味とミネラル感が加わり、まさに「甘塩っぱい」味わいが嬉しいデザートです。

材　料

・りんご：約 600g（入手できるのであれば、グラニースミスやブラムリー種。なければ酸味が強く、かつ熱で柔らかくなる品種を 500g 程度と、生食で美味しい甘味の強い品種 100g 程度の割合で混ぜる）。

・薄力粉：100g　・バター：50g

・カスターシュガー：50g

・ランカシャーチーズ：約 80g

・グラニュー糖 (20g)

・プラムのシナモンコンポート（プラムをシナモンスティックと砂糖水で煮たもの）：1 ～ 2 個

使用チーズ：ランカシャー

作り方

1. 薄力粉をふるいにかけ、指でバターを薄力粉にすり込むように混ぜ合わせる。バターをよく冷やしておくとやりやすい。これを全体がサラサラに、均一になるまで続ける。
2. ランカシャーチーズを砕き、1 と混ぜる。ランカシャーチーズは、イギリスでは「クランブリー（英語でホロホロとしているという意）チーズ」とも呼ばれるチーズの一つでもあり、その名の通り、指でホロホロと簡単に崩れます。
3. スライスしたりんごをオーブン耐熱皿に入れ、グラニュー糖を振りかける（グラニースミスしやブラムリーなどは皮も剥く）。
4. プラムのコンポートを一口サイズほどにカットし、3 の上に並べ好みでコンポートのシロップも加える。
5. 4 の上から 2 を均一に振り掛け、180℃ ～ 190℃に余熱したオーブンで約 35 分～ 40 分、クランブルに程よい焼き色がつくまで焼く。

Afternoon
Tea

Panforte and Lancashire

パンフォルテとランカシャー

イギリス発祥のアフタヌーンティーの定番は、3段トレイに上品に乗せられたスイーツ、サンドイッチとスコーンにクロテッドクリーム、バター、ジャムを添えたものとともに、好みのお茶をいただくというもの。クリームやバターなど乳製品はたっぷり。だからこそ、チーズを取り入れてみると、それもなかなか乙なものです。
スパイスを効かせ、ドライフルーツをたっぷりと詰めて焼く、イギリススタイルのフルーツケーキと地元のチーズをアフタヌーンティーでいただくというのは、ランカシャーやヨークシャーといった、イングランド北部地方の伝統的習慣。同じようにスパイスを利かせたイタリアの焼き菓子、パンフォルテは、最近はイギリスでも大人気。ランカシャーチーズとパンフォルテ。お菓子のどっしりとした甘さとチーズの塩味のコントラスト、そしてパンフォルテスパイスとチーズの濃厚なバター風味が奏でる味わいのハーモニーは心までも満たしてくれます。

さりげない日常の中でTeaを楽しむ。
そんなひとときにもチーズを添えて。

イギリス北部地方の伝統菓子パーキン

エクルズケーキとランカシャーチーズ

パーキン、スティルトン、洋梨

フルーツケーキ（次ページ参照）と
ランカシャーチーズ

チーズサブレ

クリスマスシーズンのおやつ
ジンジャービスケットとスティッチェルトン

ボイルドフルーツケーキ

各家庭にオリジナルレシピがあるほど
イギリスの国民的なケーキ

Boiled Fruits Cake

材　料

[ドライフルーツ系]

・黒スグリ：100g

・レーズン：100g

・サルタナ（レーズンと似ていますが、若干味と色が違います）：225g

・デーツ：50g（細かく刻む）

・アプリコット（干しあんず）：50g（細かく刻む）

・チェリーの砂糖漬け：50g

[粉　系]

・黒砂糖（マスコバド糖）：ライトブラウン、ダークブラウンそれぞれ50g（どちらかだけを100gでも可。ケーキの色合いと味わいが微妙に異なるだけです。お好みで！）

・ベーキングパウダー入り全粒粉：225g（または全粒粉220gにペーキングパウダー小さじ2強をしっかり混ぜ込む）

・製菓用ミックススパイス：小さじ1
・シナモンパウダー：小さじ1
・ジンジャーパウダー：小さじ1

[その他]

・バター：225g
・オレンジの皮：大1個分（すり下ろす）
・オレンジジュース：150ml（果実を搾る）
・アプリコットジャム：100g
・卵：3個（軽めに溶く）
・ブランデー：30ml
・皮無しホールアーモンド：50g（トッピング用）

作り方

1. 鍋にバター、ドライフルーツすべて、砂糖、オレンジの皮、オレンジジュース、アプリコットジャムを入れる（バターを鍋底に）。
2. 1をバターが完全に溶けるまでゆっくりと加熱し、バターが溶けたらすべてをしっかりと混ぜ合わせる。
3. 2が沸騰し始めたら蓋をして、弱火で約1分煮て火を止め、そのままの状態でゆっくりとさます（40℃くらいになるまで）。
4. ケーキの型にバターを塗り（分量外）、ベーキングシートを2重に貼る（二つ折りにして貼る）。側面は、型よりも約1cm高くなるようにする。
5. 3が十分に冷めたら、卵とブランデーを入れて混ぜる。
6. 5に、全粒粉、スパイスを生地に織り込むように入れる。
7. 6をケーキの型に流し込む。
8. 7の上面にアーモンドを飾り付ける。
9. 150℃に熱したオーブンに8を入れ、約1時間半焼く（表面が焦げ始めた場合は、ベーキングシートかホイルを被せる）。
10. 9の中心に竹串を刺して抜いた後、竹串に何もついてこなければ、焼き上がり。

Salad

Sino[illegible]n Hill Fennel Apple Salad

スティルトンのサラダ

洋梨、チコリー、ラムズレタスのミックスサラダにキャラメライズした胡桃とスティルトンをトッピング。レモン、オリーブオイル、蜂蜜、マスタードベースのドレッシングで。

シノダン ヒル、フェンネル、アップルのサラダ

フェンネルとリンゴのサラダに若めのシノダン ヒルとピスタチオを散らし、ボリューム感のある味わいに。レモン、オリーブオイル、蜂蜜のシンプルなドレッシングで。

Main Meal

チーズトースティー
Cheese Toastie

加熱するとトロトロになり、風味も増すチェダーの特性を最大限に活かすチーズトースティー（ホットサンド）は、イギリスの国民食。パンの種類や具材は個人のお好み次第。

チーズとハムのクラシックなトースティー。ぜひ、好みのパンと具材で、自分なりのトースティーを作り出していただきたい。シンプルだけれど、どこかホッと心が温かくなる一皿になるはずです。

使用チーズ：チェダー

材　料

・好みのチェダー、またはオグルシールド：約 60g
・ハム：大きめのもの一枚
・好みのパン：2 枚
・バター、マスタード、チャツネ：適宜

作り方

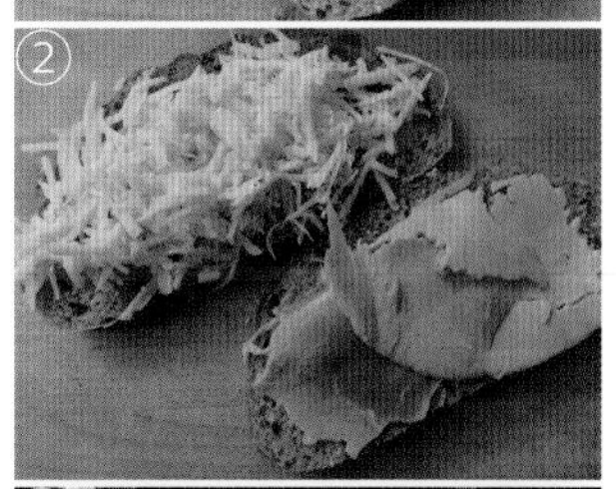

1. 2 枚のパンそれぞれにバターを薄めに塗り、その上から一枚にはチャツネ、あと一枚にはマスタードを好みの量だけ塗る。

2. チーズをグレイターでおろし、パン一面にのせ、さらにチーズとハムをパンで挟むようにする（サンドイッチを作る）。

3. 薄くバターを引いたフライパンで、2 を弱火でじっくりとフライ返しでしっかりと抑えながら両面に焦げ目がしっかりとつくまで焼く*。

＊　イギリスではトースティーメーカーと呼ばれる専用の器具があり、保有している家庭も多い。

チーズとアスパラガスのフラン

冷えても美味しい、作り置きもできる、おもてなしにも便利なフラン。ぜひぜひお試しいただきたい。重厚で深い味わいのクロスバンドチェダーさえあれば、それだけで美味しく仕上がります。イギリス特産、サイダー（りんごの発砲酒）とも最高です。

使用チーズ：チェダー

材　料

・薄力粉：175g
・バター：80g（冷蔵庫でしっかりと冷やしたものをキューブ上にカット）
・新鮮なアスパラガス：約 350g（極太なものは軽く下茹でする）
・クロスバウンドチェダー：80g ～ 100g（荒く削りおろすか、細かく砕いておく）
・ベーコン（お好みで）：2 枚（細かく刻んで軽く炒めておく）
・スプリングオニオン（日本では小葱や分葱）：3-5 本（お好みの量で小口切り）
・フィリング卵液（卵 3 個とダブルクリーム 200ml 、塩、胡椒を混ぜたもの。フラン、タルト、キッシュの基本液となるものです）
・ナツメグ塩、黒胡椒：適宜

作り方

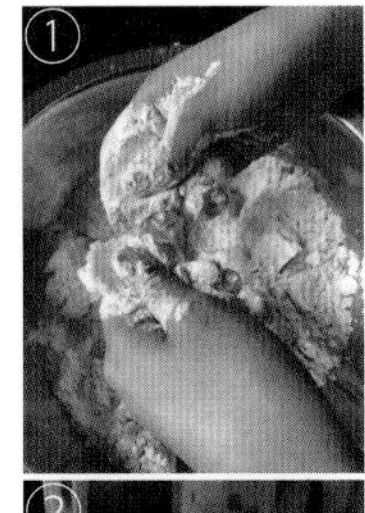

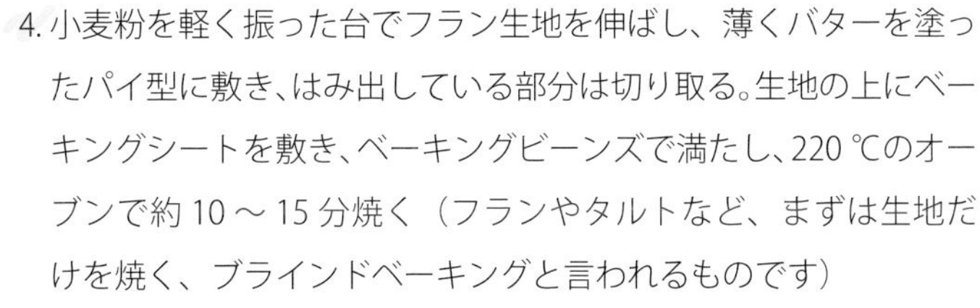

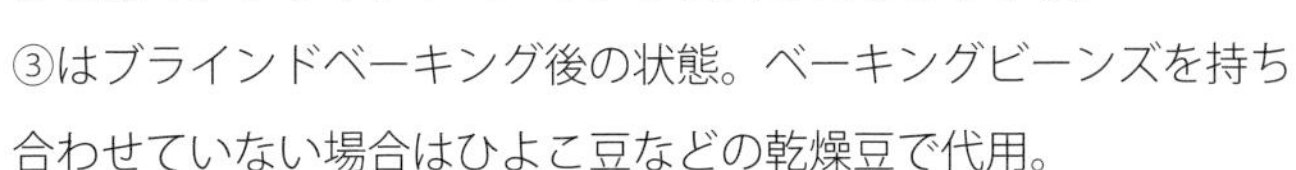

1. 薄力粉をふるいにかけ、指でバターを薄力粉にすり込むように混ぜ合わせる。バターをよく冷やしておくとやりやすい。これを全体がサラサラに、均一になるまで続ける。
2. サラサラに均一になったら、冷水を大さじ 1 杯つづ加えながら、手でこねるようにまとめる。大さじ 2 ～ 3 杯でまとまる。冷水の代わりに溶き卵でまとめると、仕上がりがビスケットのようなサクサク感になるだけでなく、全体の卵風味も強くなる。
3. 生地がまとまったら、少し平たく潰し（後でローリングピンで伸ばしやすくなる）、ラップに包み、冷蔵庫で最低 1 時間休ませる。
4. 小麦粉を軽く振った台でフラン生地を伸ばし、薄くバターを塗ったパイ型に敷き、はみ出している部分は切り取る。生地の上にベーキングシートを敷き、ベーキングビーンズで満たし、220 ℃のオーブンで約 10 ～ 15 分焼く（フランやタルトなど、まずは生地だけを焼く、ブラインドベーキングと言われるものです）
③はブラインドベーキング後の状態。ベーキングビーンズを持ち合わせていない場合はひよこ豆などの乾燥豆で代用。
5. アスパラガス、スプリングオニオン、ベーコン、チーズの順に具を詰め、卵液を注ぐ。最後にナツメグ、塩、こしょうを適宜ふる。200 ℃に熱したオーブンで 30 ～ 35 分ほど焼く。チーズのこげ具合などお好みで。オーブンから出した後はクーリングラックに 30 分ほど置き、粗熱をとりながらフランの具を落ち着かせる。

ブロッコリーとスティルトンのスープ

イギリスでスティルトンを使った料理といえば、"ブロッコリーとスティルトンのスープ"。ブロッコリーの風味とスティルトン特有のバターを思わせるような味わいとうま味が絶妙なハーモニーを奏でます。

作り方

1. 厚手の鍋にバターを溶かし、玉ねぎをしんなりするまで炒める。
2. じゃがいもを加え、さらに炒める（約3分、焦がさないよう注意する）。
3. ブロッコリーを加え、すべての野菜が浸る程度に野菜ブイヨンを加える。
4. 沸騰したら中火で約15分煮る。
5. 火を止めて、ミキサーかブレンダーで潰し、ポタージュ状に仕上げる。
6. ナツメグ、塩、こしょうで好みの味に整える（チーズの塩分を考慮し、塩は少なめに）。
7. 熱いうちにスープボウルに入れ、好みの分量の砕いたスティルトンを散らす。

*5でスープをポタージュ状にする前にスティルトンを溶かし込むと、スープ全体のコクが増すだけでなく、スープ全体にスティルトンの風味が広がります。
チーズの食感を楽しみたい場合は、7のように、最後にチーズを砕いて散らします。

ウェルシュ レアビット

イギリス伝統チーズ料理の代表ともいえる、“ウェルシュ レアビット”。“ウェルシュ”と言っても、英国全土のパブやカフェのランチメニューでよく見かける一品です。普通のチーズトーストとは一味違ったイギリスらしい滋味深さがあります。

材料（2人分）

チェダーなど伝統的なイギリスハードチーズ：130g（粗めに削りおろす）
小麦粉：小さじ2
マスタード：小さじ2
エールビール：60ml
ウスターソース：小さじ1～2
カイエンペッパー（適宜）
好みのパン

作り方

1. 鍋に、チーズ、小麦粉、マスタード、ビール、ウスターソースを入れ、全体が均一なクリーム状になるまでゆっくり加熱する（沸騰させないよう注意）。
2. パンを軽くトーストする。
3. 2に1をたっぷりと塗り、オーブン皿に並べ、チーズソースに焦げ目がつくまでグリルする（220℃、約5分）。
4. 好みでカイエンペッパーを振り、玉ねぎベースのチャツネなどを添えていただく。

使用チーズ：スティルトン
（左ページ）

使用チーズ：チェダー

カリフラワーチーズ

チェダーを使ったイギリスの庶民料理といえば、“カリフラワーチーズ”。ローストディナーのサイドディッシュとしては定番の一品。

材料（2人分）

カリフラワー：大きめ1株
長期熟成タイプのチェダー：200～300g（粗くおろす）
玉ねぎ：中1個（みじん切り）
ニンニク1かけ（薄いスライス）、ナツメグ、塩、コショウ（少々）、ディジョンマスタード（大さじ1）
ホワイトソース：薄力粉（大さじ3）、バター（60g）、牛乳（600ml）

作り方

1. カリフラワーを大きめの房に分けて切り、固めに塩茹でしたら、水分をしっかりと切る。
2. フライパンにバター（分量外）を溶かし、玉ねぎとニンニクを、玉ねぎがしんなりするまでしっかりと炒める（焦がさないように注意）。
3. ホワイトソースを作り、途中でチェダーの半分を加える。最後にナツメグとディジョンマスタード、塩、コショウを加える。
4. 大きめのグラタン皿にバター（分量外）を薄く塗り、1、2、3を入れて混ぜ合わせる。
5. 残り半分のチェダーを4に散らしたらオーブンに入れ、ふつふつと泡立って表面にこんがりと焼き色がつくまで焼く（220℃、10～15分が目安）。

使用チーズ：チェダー

休日に家族や親戚が集まり、食事をしながら語らうのはよくある風景。そんな場のランチではチーズがメインディッシュとなることも。美味しいチーズとパン、フルーツやお野菜。春夏は簡単なサラダ、秋冬はスープがあれば、それだけで、とても自然で季節感溢れるテーブルになります。手間入らずで、みんながリラックスして食事と会話を楽しみます。

小麦粉ベースのパイ生地ではなく、ありあわせの材料を調理してマッシュポテトで包み込みます。ジャガイモを主食とするイギリスの自然の理にかなった伝統家庭料理。牛肉ではなく、羊肉を使えば「シェパーズパイ」と呼ばれます。

材　料

- 牛ひき肉（500g）
- 玉ねぎ（大１個、みじん切り）
- セロリ（２本、みじん切り）
- にんじん（1 本、いちょう切り）
- グリンピースやマッシュルームなど好みの野菜（適宜。なくてもよい）
- 薄力粉（大さじ 2）
- ビーフブイヨン（300ml）
- トマトピューレ（大さじ 3）
- ウスターソース（大さじ 1）
- ドライ ミックスド ハーブ（小さじ 1）
- ローリエの葉（１枚）

・チェダー（モンゴメリーチェダーなど 200g）
・ジャガイモ（男爵など粉質のもの 500 ～ 700g）
・バター（30g）
・牛乳（50ml）
・塩、胡椒（適宜）

使用チーズ：チェダー

作り方

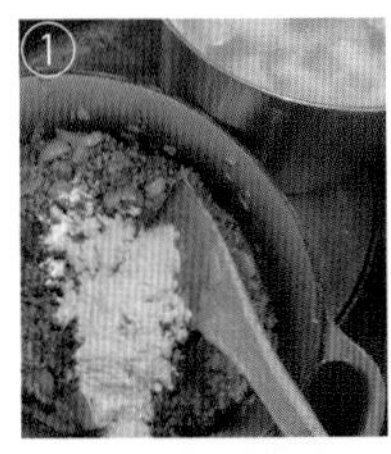

1. サラダ油（分量外）を熱したフライパンで、玉ねぎ、セロリ、ニンジンを軽く炒めた後、牛ひき肉も入れ、しっかりと炒める。ひき肉に完全に火が通ったら薄力粉を加え、しっかりと混ぜ合わせ、ドライ ミックスド ハーブ、その他好みの野菜を加える。ビーフブイヨン、トマトピューレ、ウスターソース、ローリエの葉を加えて、しばらく煮込む（全体にとろみがつくまで）。

2. 煮込んでいる間にマッシュポテトを作りはじめる。皮をむいたジャガイモを茹で、竹串が通るくらいに柔らかくなったら、ザルにあげ、そのましばらくおき、しっかりと水分を飛ばす。ジャガイモを鍋かボウルに入れて、バターを加え、マッシャーで潰しながら、牛乳を加え、最後に塩、胡椒で味付けをする。

3. 1 をオーブン耐熱のグラタン皿に入れ、その上に 2 でできたマッシュポテトを広げ、マッシュポテトで全体を覆うようにする。上から荒く削りおろしたチーズを全体にかける。スムーズな口あたりのマッシュポテトにしたい場合は、マッシュポテトを裏漉ししておく。

4. 3 をオーブンに入れ、チーズに焼き色がしっかりとつくまで焼く（200℃、30 分が目安）。

チャツネの作り方

チャツネとは、南アジアを発祥とし、フルーツやお野菜を刻み、それにスパイスを混ぜ込んだ食事のつけ添えとなるものです。17世紀頃に南アジアからイギリスへも伝わり、時代の流れとともに、夏から秋の豊富な収穫物をスパイス、お酢、砂糖で煮込んで保存食にする習慣へと発達したと言われています。ハムやコールドミート（ローストディナーの残り）のつけ添え、サンドイッチの具材としても使われるチャツネは、チーズボードには必ず添えられます。好みのフルーツやお野菜を使い、作れば作るほど、自分だけのレシピができます。日本でいうところの自家製味噌のようなものでしょうか。

材　料

・玉ねぎ：500g（千切り）
・りんご：1.3kg（生食用りんごは皮付きのまま、クッキングタイプは皮をむく）
・サルタナレーズン：150g
・白ワインビネガー：600ml
・ブラウンシュガー：300g
・塩：20g
・ミックススパイス：小さじ3
・ジンジャーパウダー：小さじ1
・サラダ油(適宜)

作り方

1. 厚底の鍋に油をひき（油なしでもよい）、玉ねぎを焦がさないようにゆっくり炒める。
2. 玉ねぎがしんなりとしてきたら、他の材料をすべて入れて沸騰させる。
3. 沸騰後、弱火にしてトロみが出るくらいまで（ほぼ水分がなくなるまで）、じっくりと煮込む(約1.5～2時間)。
4. 消毒済みのジャム瓶に詰め、蓋をして休ませる。約1ヶ月休ませると、シャープな酸味が落ち着き、まろやかな味わいになる。(瓶の消毒は煮沸消毒、または120℃で15分ほどオーブン加熱。瓶を予めオーブンに入れてからオーブンを加熱する。温まったオーブンにいきなり瓶を入れると瓶が割れることがあります)。

クインスゼリーの作り方

チーズ専門店では必ず見かける、クインスペーストやクインスジャム。日本ではマルメロまたは西洋花梨として知られるクインスは秋の半ばに収穫される果物で、甘酸っぱい芳しい香りがあるものの、身も皮も硬く、渋みが強いために生食されることはありません。原産地のコーカサス地方から13世紀にはイギリスにも伝播。クインスから作られるジャムやゼリーは当初からお肉料理のつけ添えとして食されていたようです。チーズと相性が良いことから、現代ではチーズのつけ添えとして親しまれています。クインスの実そのものに豊富に含まれるペクチンは砂糖と酸に反応し、液体をゲル化させます。自然のペクチンを利用して作るゼリーは見た目も美しく、チーズに華やかさを添えてくれます。

材　料

- クインス（1kg）
- 砂糖（できた煮汁と同じ分量、少なくともその80%）
- レモン汁（2個分）
- 水

作り方

1. クインスを洗い、皮ごとぶつ切りにして厚底の鍋に入れ、全体が被るくらいの水を加え、実が柔らかくなるまでじっくりと煮る（約1時間半）。常に実が水に浸かっているよう、適宜水を足す。
2. メッシュタイプのジャムストレーナーで、1をゆっくりと濾す（一晩かけるつもりで）。果肉を絞らず、自重で煮汁を濾過すると透き通った綺麗なゼリーになる。
3. 2の煮汁と同じ重量（最低でも80%）の砂糖を煮汁に溶かし、レモン汁を加え、アクを取りながら煮詰める（1時間弱）。セッティングポイント（大さじ1程度の液を皿に流し、1分後にその表面が固まる状態）に達したら、素早く消毒済みの瓶に流し入れる。温度が下がると自然と固まる。

Cheese and Drink

最近はイギリス産スパークリングワインが世界レベルで高く評価されることもありますが、イギリスはウィスキーやビールなど穀物由来の飲み物の国。イギリスチーズと伝統の飲み物のペアリングには心に響く特別な美味しさがあります。

1 ロールライトと赤ワイン

濃厚なカスタードのようなボディで、香ばしさもあるロールライトには、タンニンが柔らかく果実味が豊かでふくよかな口あたりの赤ワイン。スモーキー感もあるワインなら、チーズの香ばしさにぴったり寄添います。

2 ブライトウェルアッシュと白ワイン

春の訪れを告げる山羊乳チーズ。ブライトウェルアッシュのようにシトラスを思わせる酸味、ミルクのコク、ハーブのニュアンスがある山羊乳チーズには、さっぱりとした酸味のあるフレッシュな白またはロゼワイン。

3 スティルトンとスタウト（黒）ビール

クリーミーでフルーティーな甘味とうま味、バターのような味わいの中に香ばしさもあるスティルトンには、クリーミーな味わい、時にチョコレートのようなニュアンスを持つスタウトビールがぴったりです。

スティルトンと甘口ワイン

1

“スティルトンとポートワイン”は、イギリスのクリスマス時期の伝統習慣。チーズの塩味とワインの甘さのコントラストにうま味と果実味が重なる完璧な風味の多重奏曲。ポートワインだけでなく、さまざまな甘口ワインと試して欲しい。

タンワースとスパークリングワイン

2

濃厚なクリーム感と力強い味わいのタンワースにはスパークリングワイン。ワインの泡と酸味がチーズの後味をさっぱりと切ってくれます。ぜひ、特別な機会に上質なイギリス産スパークリングワインとともに。

チェダーとウィスキー

3

重厚感と複雑味のあるチェダーには同じく重厚で力強いウィスキーがバランスよく対抗します。二つを一緒にゆっくりと味わうことで、こもっていたウィスキーの華やかな風味をチーズが引き出してくれます。

イギリス
TRY!
チーズに

Cloth-Bound Cheddar

原料乳種
牛乳

チーズ名
クロスバウンドチェダー：伝統テリトリアル（チェダー系）

特　徴
重厚感があり旨みと酸味が強め。メーカーや季節によって、フルーティー感、スパイス感、牧草のようなグリーンな味わいがある

おすすめの食べ方
コテージパイやグラタン系のトッピング、トースティの具にも

同系チーズ
モンゴメリーチェダー、クイックス・クロスバウンド・チェダー、アイル・オブ・マル

Lancashire

原料乳種
牛乳

チーズ名
ランカシャー：伝統テリトリアル（クランブリー系）

特　徴
ホロホロと崩れやすいボディ。ヨーグルトのような酸味やバター風味など乳本来の味わいが強い

おすすめの食べ方
ドライフルーツとスパイスをたっぷり詰め込んだフルーツケーキや、イギリス伝統菓子のエクルズケーキと合わせ、アフタヌーンティーのお供に

同系チーズ
チェシャー、ホワイトスティルトン、シングルグロスター

Red Leicester

原料乳種
牛 乳

チーズ名
レッドレスター：
伝統テリトリアル
（ハード系）

特　徴
鮮やかなオレンジ色の硬質なボディ、ナッツやキャラメルを思わせる香ばしさを伴うまろやかな味わい。若いものには甘味も感じる

おすすめの食べ方
サンドイッチの具として。またチーズボードやチーズプレートに取り入れると全体が華やかになる

同系チーズ
ダブルグロスター

Blue Stilton

原料乳種
牛 乳

チーズ名
ブルースティルトン：
伝統テリトリアル
（スティルトン系）

特　徴
熟成しているものはバターのようなクリーミー感があり、旨味の中にフルーティーな甘みがある

おすすめの食べ方
甘みの強いドライフルーツ（デイツやいちじく）とともに。牛ステーキやパーキンとも好相性

同系チーズ
スティッチェルトン、
スパークンホーブルー

Stinking Bishop

原料乳種
牛 乳

チーズ名
スティンキング
ビショップ：
ソフト外皮
ウォッシュ

特　徴
強いアロマを放つ外皮の下のボディは、むっちりとしており、濃厚なミルクの味わいの中に、ほのかにフルーティー感がある

おすすめの食べ方
シンプルに、バゲットやクラッカーにのせていただく。キャラウェイシードやクミンシードを添えて。アロマ豊かで芳醇なドリンクと相性が良い

Sinodun Hill

原料乳種
山羊乳

チーズ名
シノダン ヒル：
酸凝固主体ソフト
山羊乳チーズ

特　徴
若いものはムースのような口あたりで、柑橘系の酸味がある。熟成に伴い濃厚なクリームのようになり、ナッツやハーブを思わせる風味が出る

おすすめの食べ方
レモンジュースとクリアな蜂蜜を少し加えると、チーズケーキのような味わいになる。フェンネル、チャービルといったアニスフレーバーが強いサラダと好相性

Rollright

原料乳種
牛 乳

チーズ名
ロールライト：ソフト外皮ウォッシュ

特　徴
香ばしい松の実とナッツのような香りが混ざったような味わいの外皮の下は、濃厚なミルクの味わい、豊かなカスタードのようなボディ。季節によってはむっちりとしたボディの場合もある

おすすめの食べ方
イギリス伝統のグラナリーパンやモルトブレッドなど、ブラウン系のパンにたっぷりとのせていただくのがお薦め

Dorstone

原料乳種
山羊乳

チーズ名
ドーストン：酸凝固主体ソフト山羊乳チーズ

特　徴
若いものはムースのようなふわりとした口あたりで、爽やかな酸味とミネラル感があるのが特徴。熟成するに従い、身が引き締まり、凝縮感や味わいの深みが増す

おすすめの食べ方
クラッカーに乗せ、そのままアペリティフのお供に。または酸味のあるジャムなどを添えて、軽いデザートやおやつ代わりに

Tunworth

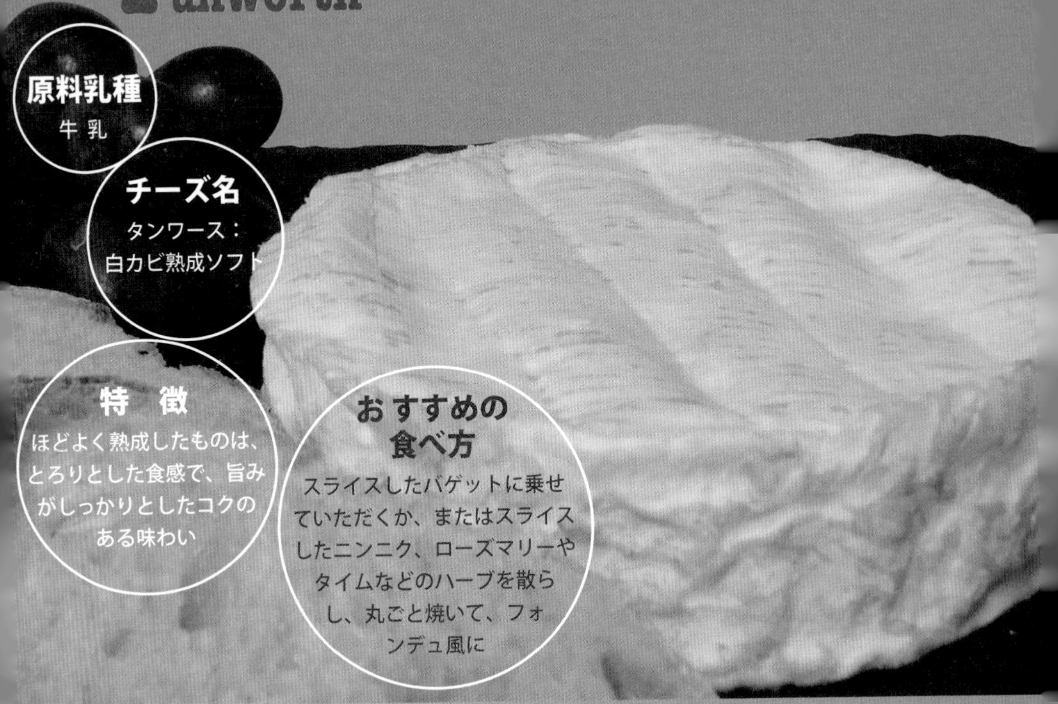

原料乳種
牛乳

チーズ名
タンワース：
白カビ熟成ソフト

特　徴
ほどよく熟成したものは、とろりとした食感で、旨みがしっかりとしたコクのある味わい

おすすめの食べ方
スライスしたバゲットに乗せていただくか、またはスライスしたニンニク、ローズマリーやタイムなどのハーブを散らし、丸ごと焼いて、フォンデュ風に

Baron Bigod

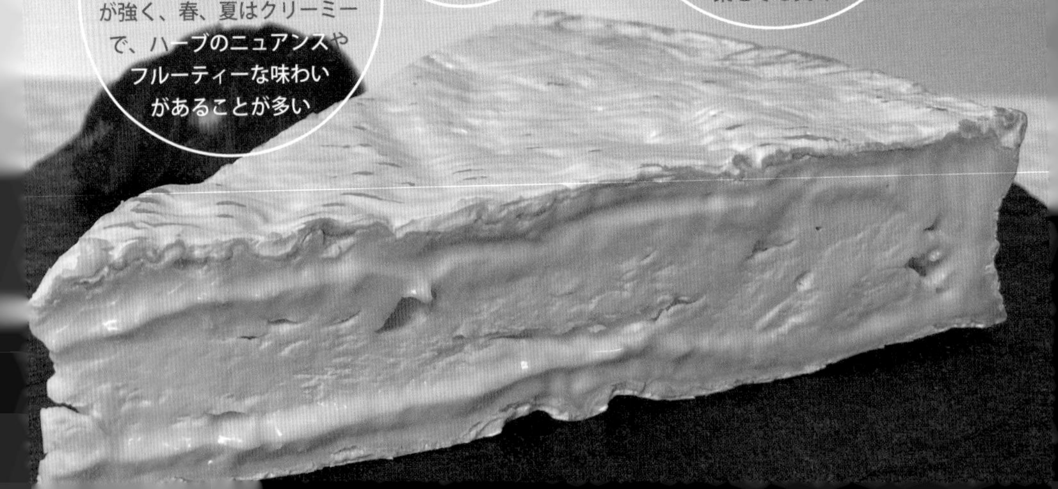

原料乳種
牛乳

チーズ名
バロン バイゴッド：
白カビ熟成ソフト

特　徴
外皮にはほのかにマッシュルームを思わせる風味がある。冬はボディの旨みが強く、春、夏はクリーミーで、ハーブのニュアンスやフルーティーな味わいがあることが多い

おすすめの食べ方
クラッカーや薄くスライスしたバゲットに乗せ、チーズ本来の味わいを楽しむ。リンゴなどさっぱりとしたフレッシュなフルーツのスライスに乗せても美味

St.Jude

特　徴
若いものは、心地良い酸味とミルクの味わいが強い。熟成したものはクリームのような食感となり、牧草やハーブのニュアンスも感じられる複雑な味わいになる

原料乳種
牛 乳

チーズ名
セントジュード：酵母熟成ソフト（酸凝固主体）

おすすめの食べ方
熟したブラックチェリーや、ブラックチェリーのコンポートとともに、デザート感覚でいただくのがおすすめ

Goat Milk Cloth-Bound

原料乳種
山羊乳

特　徴
チェダーとよく似たハード系のチーズながらも軽い口あたりで、ほのかな甘味のあるアーモンドのような味わい

チーズ名
ゴートミルククロスバウンド：山羊乳ハード

おすすめの食べ方
削りおろし、サラダのトッピングに。クラッカーに乗せて、無花果のジャム、またはアプリコットジャムを添え、簡単カナッペに

イギリスチーズQ＆A

Q1 チーズの外皮は食べられるもの？
A1. 意外にもシンプルにお答えするのがとても難しい質問です。
ソフトなチーズ、またはブルースティルトンの外皮はぜひ食べてみてください。お好みでなければ外皮を外せばよいだけのことです。一概には言えませんが、保存状態が良い（購入元のお店でもきちんと手入れされていた）場合、外皮には格別な深い味わいがあります。逆に保存状態が悪いものは、外皮に異臭を感じます。そのような場合はやはり、食べても美味しいものではありません。クロスバウンド（布巻き）系のチーズで布がまだ残っている場合、もちろん、布は食べる物ではありません。チーズそのものが固くなってできた外皮部分は食べても害はありませんが、やはり美味しい物ではないでしょう。同じチーズでも、外皮と隣接している部分と外皮から離れた中心部は食感も違えば、味わいも違います。ナチュラルチーズが生き物である証ですね。

Q2 ベストな保存方法は？
A2. 本書でご紹介するような、アルチザン系のナチュラルチーズの場合、鉄則は、「蒸らさず、乾燥させず」。ナチュラルチーズは生きています。つまり、呼吸しているのです。まずはチーズ、特に外皮が少し呼吸をできるように包みましょう。でも、チーズが蒸れてしまうと、不快な香りがついてしまいます。理想はチーズ専門店が利用している、通称ワックスペーパーと呼ばれるもので綺麗に包み、それをタッパー容器等に入れて冷蔵保存。ボディが流れるような状態のソフトチーズは、カット面にラップやホイルを使って流れ防止を。ワックスペーパーがない場合は、ベーキングシートを代用してもよいでしょう。

Q3 チーズの美味しい温度は？
A3. 複雑な味わいのナチュラルチーズは、温度でも味わいや食感が違います。冷たいままだと、せっかくの奥深い風味が閉じこもったままになります。いただく前に室温に戻すことで風味が開き、口あたりも柔らかくなります。チェダーなどは少し酸化させてあげると、違った味わいを楽しむことができます。それはちょうど、ワインもモノによってはデカンタージュするのと全く同じことです。

日本で楽しむ イギリスチーズ

和の惣菜をひとくふう

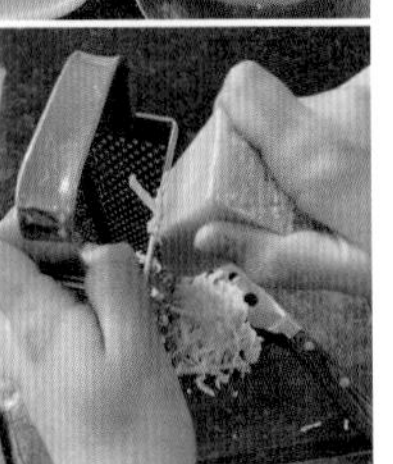

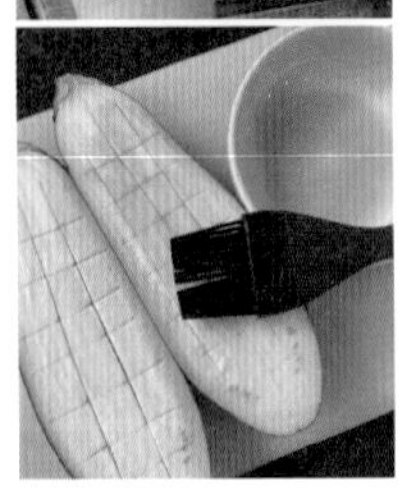

1. 甘味が強めの田楽味噌を作る。味噌（大さじ3）、酒（大さじ1）、砂糖、できれば三温糖（大さじ1）、みりん（大さじ2）が目安。

2. チェダーチーズ（約120g）を削りおろす。

3. 茄子を縦半分に切り、断面の皮に沿ってナイフを入れ、さらに身に格子状に深めの切り込みを入れてごま油をぬる。

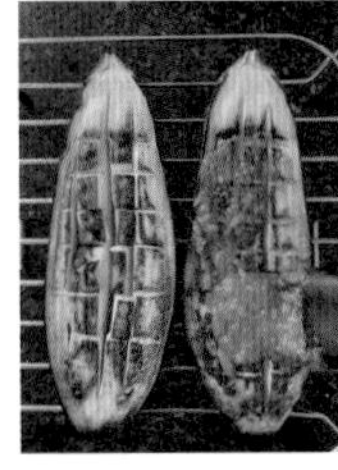

4. 油をひいたフライパンで下焼きをする。弱火でじっくり、身が少し柔らかくなり、断面にしっかりと焦げ目がつく程度。
5. 1を茄子の断面に塗り、その上に2の削り下ろしたチーズを乗せ、チーズに焦げ目がつく程度にオーブンで焼く（200℃、10分程度）

タンワースで肉味噌ご飯ドリア風

1. 肉味噌（生姜と葱の風味をきかせた肉味噌がタンワース特有のうま味にバランスよく対抗します）、白ご飯、タンワース、青紫蘇の新葉。
2. 好みの割合で肉味噌と白ご飯（冷たい場合は電子レンジで少し温める）を混ぜ合わせる。
3. 耐熱グラタン皿に2を入れ、ご飯約1膳分に対しタンワース1/8～1/4切れ（好みの量）のせる。
4. オーブン200℃、5分程度で、チーズを溶かす。トロリとしていたチーズは加熱することで液状に近い状態で流れながらご飯に絡む。
5. 青紫蘇の新葉、大葉の千切りや小葱の小口切りなどをトッピングする。

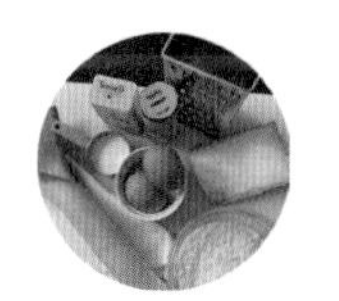

チーズ春巻き

1. ケアフィリーチーズ、なければチェダー（100 g）を粗めに削りおろし、リーク（1本）も細かく切っておく。パン粉（100 g）を牛乳（約 60 ml）でふやかしておく。
2. すべてをボウルに入れ、しっかりと混ぜ合わせる。粉マスタード（またはブラックペッパー）、ミックスハーブなど、好みのスパイスとハーブも加える。
3. 2を6等分にして、それぞれを春巻きの皮で包む。
4. 油で揚げるよりも、バターを多めにひいた卵焼き用フライパンで弱火でじっくり、しっかりと焦げ目がつくまで焼く。

おやつとお茶うけ

ちょっと一息、お茶の時間。日本の味とイギリスの味を
チーズでつなぐ新しい口福の世界を探求してみませんか？

壱 バロン バイゴッドとかりんとう

トロリとしたボディでつるりとした口あたりのチーズとカリッとした食感、噛みしめるごとに優しい甘味が広がる黒糖かりんとう。ミルクの味わいと黒糖の甘味が幾重にも重なる口福の重奏曲。

つぶし餡、チェダー、胡桃のおやき。チーズの塩味とつぶし餡の甘味のコントラスト、チーズと小豆、胡桃の滋味深い味わいがぴったり重なり、皮の香ばしさを引き立てます。

柑橘のような酸味、コクのあるミルクの味わいで濃厚なムースのような口あたりのシノダン ヒルに柚子ハチミツを添えると、柚子風味のレアチーズケーキさながらです。

壱
ロールライトとほうじ茶
弐
あおさのチーズストロー

参 和風クリームティー

壱

チーズの外皮の香ばしさとほうじ茶の香ばしさがピッタリと重なりつつ、お茶の温もりがチーズを溶かし、ミルクコーヒーのような味わいがお口に広がります。

チェダーとバターをふんだんに使うイギリスの国民的お菓子“チーズストロー”。アオサをたっぷり練り込めば、アオサの心地よい苦味と香りで、あっさりとした味わいになります。

チーズスコーン、クロテッドクリーム、餡で“和風クリームティ”*。濃厚なクリームと餡子の組み合わせは日本人にはどこか懐かしさを感じる味わい。チーズの塩味が良いアクセント。

*イギリスでは、紅茶、スコーン、クロテッドクリーム、ジャムをセットにしたものを“クリームティー”と呼び、アフタヌーンティーを簡素化した喫茶習慣のことを指します。

日本酒とともに

日常のあらゆる場面で楽しむことができるチーズ。酸味が高く、濃厚で味わいも力強いイギリスチーズと日本酒のペアリングをアレンジしてみました。酒の肴として日本酒の楽しみの幅もぐんと広がることでしょう。ぜひ、多くの人たちに楽しんでいただきたい。

チーズプレートと純米大吟醸古酒

栗の渋皮煮とスティッチェルトンは、栗の甘みとチーズの塩味のコントラスト、そしてチーズのクリーミーさに渋皮煮の香ばしさが重なり、チョコレートを思わせる味わい。真ん中のエヴェンロードの外皮にはナッツのような風味があり、ボディには濃厚なミルクの味わいと心地良い酸味。このようなチーズには濃醇な味わいに甘味と香ばしさをあわせ持つ純米大吟醸古酒がお似合いです。食後のデザートにいかがでしょう。

カーカムズ ランカシャーと山廃仕込みひやおろし

ゆっくり、じっくりと乳を発酵させ、たっぷりのバター感とまろやかな口あたりのカーカムズランカシャー。落ち着いた丸みのある口当たりと芳醇な味わいの山廃ひやおろし。似たもの同士がぴったり寄り添います。

ロールライトと樽酒

トウヒの樹皮に巻かれ、燻した木の風味を持つロールライトと、杉の香り豊かな樽酒。木の香りという共通点が互いを引き立て合うだけでなく、樽酒のまろやかで柔らかい口当りと濃醇な味がロールライトの濃厚でクリーミーな食感にピッタリと馴染み、チーズがバニラカスタードのように感じられます。

セントジュードとフルーティーな純米大吟醸

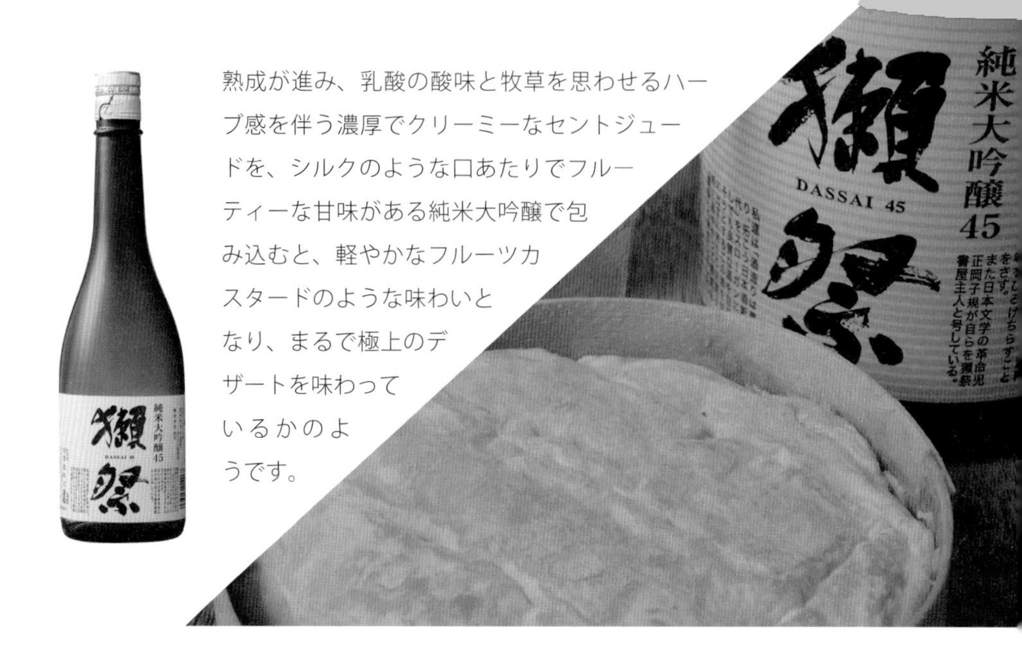

熟成が進み、乳酸の酸味と牧草を思わせるハーブ感を伴う濃厚でクリーミーなセントジュードを、シルクのような口あたりでフルーティーな甘味がある純米大吟醸で包み込むと、軽やかなフルーツカスタードのような味わいとなり、まるで極上のデザートを味わっているかのようです。

スティンキング ビショップとワイン樽熟成貴醸酒

外皮をペリーでウォッシュしながら熟成することで、華やかで強いアロマを持つスティンキング ビショップ。むっちりとしたボディにこってりとした濃いミルクの味わいは、同じように華やかで、トロリとした濃密な味わいの熟成貴醸酒*がお似合い。ふたつがバランスよく絡み合う絶妙なペアリングです。

＊貴醸酒は“日本独自の高級酒”として国税庁醸造試験所で開発されたお酒です。水の代わりにお酒で仕込むのが最大の特徴です（榎酒造株式会社 HP より)。

ピッチフォーク チェダーと麹米だけで仕込んだ純米酒

しっとり滑らかな口あたり、バニラのような甘味を持つピッチフォーク チェダーと、芳醇な旨み、甘味とともに酸味もしっかりとある純米酒。チーズとお酒の甘味が重なり、バタースコッチのような味わいが広がりつつも、お酒の酸味がそれをさっぱりと引き締めます。

撮影に使用したものとはデザインが異なります。詳細は P132。

モンゴメリー チェダーと山廃仕込み純米無濾過生原酒（上燗）

凝縮感があり、重厚で力強い旨みが詰まったモンゴメリー チェダーには、パワフルでフルボディの燗酒。お酒の熱がチーズを溶かし、閉じ込められていたチーズの複雑な味わいが一気に開き、お酒の旨み、酸味がそれにしっかりと絡みます。お酒のキレで後味はすっきり。すぐに次の一杯が欲しくなるペアリングです。

ブライトウェル アッシュ
と糖類無添加の梅酒

滑らかな口あたりで、酸味とナッツのようなニュアンスもあるコクのある山羊乳チーズのブライトウェル アッシュに、穏やかで自然な純米酒の甘味と薔薇のニュアンスを持つ梅酒。これらがうまく絡んで上品なマジパンのような味わいが広がりつつも、梅酒の酸味がそれをスッキリと引き締めます。

シノダン ヒルとミネラル感があり
フレッシュでキレの良い吟醸酒

ムースのような食感でシトラスのような酸味とナッツ香を持つシノダン ヒル。フルーティーな吟醸香と爽やかなミネラル感を合わせ持ち、スッキリとキレのある吟醸酒。チーズがお酒のフルーティーな甘味を引き立てつつ、お酒のミネラル感とキレで軽やかな口あたりです。

撮影に使用した 300ml ボトルとはデザインが異なります

ブルースティルトンと玄米酒

バターのような口溶け、フルーティーな甘味、ほどよい塩味、旨み、香ばしさを持つブルースティルトン。リッチな口あたりで黒蜜のような甘味、ドライフルーツのニュアンス、スパイス感のある熟成玄米酒。塩味と甘味のコントラストが心地よく、お酒のスパイス感はチーズの香ばしさとバター感を引き立て、上品なチョコレートのような味わいが生まれます。

クロスバウンド チェダーとキレの良い特別純米酒の燗酒

フルーティーなミルクの味わいと旨味のバランスが心地良い、しっとりとしたチェダー（クイックスチーズ 12ヶ月熟成、“Mature” ラベルなど）。キレの良い特別純米酒の燗酒。米の旨みとミルクの甘味が互いを引き立たせ、閉じ込められていた風味が燗酒の熱で開かれつつも、お酒のキレで後味はさっぱりです。

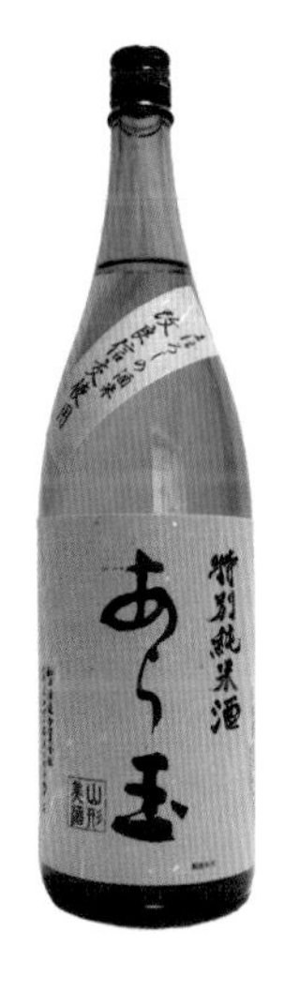

Acknowledgements

My heartfelt gratitude goes to all the cheesemakers and cheesemongers featured in this book and to the Academy of Cheese for their tremendous support with this book during the unprecedented global pandemic and challenging times of 2020 and 2021. I am deeply grateful for the beautiful images, in-depth interviews and advice on cheese which they kindly gave me while juggling their daily tasks. All images are supplied courtesy of the cheesemakers or cheesemongers stated in the following list, or are otherwise owned by Culture & Culture Ltd.

本書の執筆においては、2020 年、2021 年のコロナ ウィルス パンデミック、全国ロックダウン、緊急事態宣言という前例のない世界状況の中、各チーズ商、チーズメーカー、アカデミー・オブ・チーズの方々に多大なるご協力をいただきました。画像の提供、長時間にわたるインタビュー、チーズに関する助言にいたるまで、深く感謝している次第です。各画像の出典元は以下のリストの通りです。また、末筆にあたり、日本のイギリスアルチザンチーズ輸入状況について詳しくご教示くださったランマスチーズ専門店のスタッフの皆様に深くお礼を申し上げます。

写真、取材協力、参考文献一覧

Cheesemongers

（チーズ商とその所在地および HP アドレスの QR コード）

Paxton & Whitfield
（パクストン＆ウィットフィールド）

93 Jermyn Street, London SW1Y 6JE
22 Cale Street, London, SW3 3QU
13 Wood Street, Stratford-upon-Avon CV37 6JF
1 John Street, Bath BA1 2JL

Neal's Yard Dairy
（ニールズ・ヤード・デアリー）

17 Shorts Gardens, London WC2H 9AT
6 Park Street London SE1 9AB
Arch 8, Apollo Business Park, Lucey Way, London SE16 3UF

The Fine Cheese Co.
（ファイン・チーズ・カンパニー）

29 & 31 Walcot St, Bath BA1 5BN
17 Motcomb Street, London SW1X 8LB

The Courtyard Dairy
（コート・ヤード・デアリー）

Crows Nest Barn, Austwick, Nr. Settle LA2 8AS

Cheesemakers

（チーズメーカーとその所在地および HP アドレスの QR コード）

Montgomery's Cheese
（モンゴメリー・チーズ）

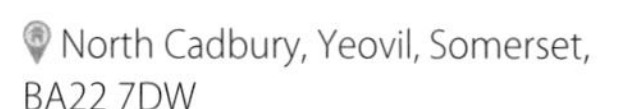

North Cadbury, Yeovil, Somerset, BA22 7DW

Isle of Mull Cheese
（アイル・オブ・マル・チーズ）

Isle of Mull Cheese, Sgriob-ruadh Farm, Tobermory, Isle of Mull, PA75 6QD

Colston Bassett Dairy
（コルストン・バセット・デアリー）

Harby Lane, Nottinghamshire NG12 3FN

Trethowan Brothers
（トレザワン・ブラザーズ）

The Dairy Cowslip Lane, Hewish, North Somerset, BS24 6AH

Mrs Kirkham's Lancashire
（ミセス・カーカムズ・ランカシャー）

Beesley Farm, Mill Lane, Goosnargh, Preston, Lancashire, PR3 2ED

Charles Martell & Son Ltd.
（チャールズ・マルテル・アンド・サン）

Hunts Court, Brooms Green, Dymock, GL18 2DP

Fen Farm Dairy
（フェン・ファーム・デアリー）

Fen Farm, Flixton Road, Bungay, Suffolk, NR35 1PD

King Stone Dairy
（キング・ストーン・デアリー）

The Old Parlour, Manor Farm, Chedworth, Gloucestershire, GL54 4BU

Quicke's
（クイックス）

Newton St.Cyres, Exeter, Devon, EX5 5AY

Cropwell Bishop Creamery
（クロップウェル・ビショップ・クレマリー）

Cropwell Bishop, Nottingham, Nottinghamshire, NG12 3BQ

Stichelton Dairy
（スティッチェルトン・デアリー）

Collingthwaite Farm, Cuckney, Mansfield, Nottinghamshire, NG20 9NP

Leicestershire Handmade Cheese
（レスターシャー・ハンドメイド・チーズ）

Sparkenhoe Farm, Main Road, Upton, Nuneaton, Warwickshire, CV13 6JX

Neal's Yard Creamery
（ニールズ・ヤード・クレマリー）

Mount Pleasant, Hereford HR3 6AX

St. Jude Cheese
（セントジュード・チーズ）

Fen Farm, Flixton Road, Bungay, Suffolk, NR35 1PD

Hampshire Cheese Company
（ハンプシャー・チーズ・カンパニー）

Scratchface Lane, Herriard, Basingstoke, Hampshire, RG25 2TX

Norton & Yarrow Cheese
（ノートン・アンド・ヤロウ・チーズ）

Earth Trust Farm, Shillingford, Oxfordshire, OX10 8NB

情報提供・取材協力

LAMMAS チーズ専門店

情報・資料提供・紹介

The Academy of Cheese

チーズマップ作成

Straight Forward Design

写真（表紙・扉）
ブライアンまこ
（Foxstow Joinery Co.）

水彩画……マクロクリン枝吉貴子（@takakos_art_studio）

蔵元様とその所在地および HP アドレスの QR コード

株式会社　三千盛
使用商品　あぺりてぃふ
岐阜県多治見市笠原町 2919

宮坂醸造株式会社
使用商品　真澄 山廃 純米吟醸
ひやおろし
長野県諏訪市元町 1-16

長龍酒造株式会社
使用商品　吉野杉の樽酒
奈良県北葛城郡広陵町南 4

旭酒造株式会社
使用商品　獺祭　純米大吟醸 45
山口県岩国市周東町獺越 2167-4

榎酒造株式会社
使用商品　華鳩× TOMOE フージョン　貴醸酒（本品は完売しておりますが、他の貴醸酒でも同様にお楽しみいただけます）
広島県呉市音戸町南隠渡 2-1-15

株式会社南部美人
使用商品　All Koji 2019、糖類無添加「梅酒」（All Koji 2019 は完売しておりますが、他の年度の All Koji でも同様にお楽しみいただけます）
岩手県二戸市福岡字上町 13

木下酒造有限会社
使用商品　玉川 自然仕込純米酒
（山廃）無濾過生原酒
京都府京丹後市久美浜町甲山 1512

有限会社 濵川商店
使用商品　美丈夫　麗
高知県安芸郡田野町 2150

亀萬酒造合資会社
使用商品　玄米酒
熊本県葦北郡津奈木町津奈木 1192

和田酒造合資会社
使用商品　改良信交 特別純米
あら玉
山形県西村山郡河北町谷地甲 17

Reference / 参考文献

Book Title（書籍名）	Author（著者）	Publisher（出版社）	Year
Cheese & Dairy	Steven Lamb	Bloomsbury Publishing	2018
Cheese and Culture	Paul S. Kindstedt	Chelsea Green Publishing	2012
Cheese Dishes, A Guide to Cheese Dishes from 1750 - 1940	Audrey M Dudson	Dudson Publications Limited	1993
Cheese: A Global History	Andrew Dalby	Reaktion Books Ltd	2009
A Cheesemonger's History of the British Isles	Ned Palmer	Profile Books	2019
England's Heritage Food and Cooking	Annette Yates	Hermes House	2015
Good Cheese 2016 -2017		The Guild of Fine Food Ltd	2016
Good Cheese 2018 -2019		The Guild of Fine Food Ltd	2018
The Great British Cheese Book	Patrick Rance	Macmillan London	1982
Great British Cheeses	Jenny Linford	Dorling Kindersley Limited	2008
The History of Stilton Cheese	Trevor Hickman	Sutton Publishing	2005
The Oxford Companion to Cheese		The Oxford University Press	2016
The Philosophy of Cheese	Patrick McGuigan	The British Library	2020
Reinventing The Wheel	Browen & Francis Percival	Bloomsbury Sigma	2017
Speciality Food July 2017		Aceville Publications Ltd	2017
Speciality Food September 2017		Aceville Publications Ltd	2017
West Country Cheesemakers	Michael Raffael	Birlinn Ltd	2006

Index

著 者　マティス 可奈子

1974 年生まれ

イギリスのチーズ資格認証機関、英国アカデミー・オブ・チーズ（Academy of Cheese）認定パートナー講師

Academy of Cheese Member

WSET: Wine and Spirit Education Trust（ワイン＆スピリッツ・エデュケーション・トラスト）日本酒 Level 3（WSET ロンドン本部にて英語で認証取得）

MA in Applied Translation Studies, University of Leeds（英国リーズ大学応用翻訳学修士号）

2011 年 CPA チーズプロフェッショナル認定

2017 年～ 2019 年、World Cheese Awards 審査員

2013 年 Culture & Culture Ltd.（cultureandculture.com）設立

とっておきのイギリスチーズ

初版発行／ 2021 年 10 月

発行者／加 藤 幸 子

発行所／図書出版　ジュピター書房

102-0081　千代田区四番町 2-1

電話　03-6228-0237

振替　00140-5-323186

HP:http://jupiter-publishing.com/

Mail:info@jupiter-publishing.com

印刷・製本／モリモト印刷株式会社

ISBN　978-4-909817-01-3